孩子的国学启蒙·经典的家训传承

总主编 ◎ 吴荣山 祝贵耀

聆听家训

立志篇

本册主编◎江惠红 沈凌霞

浙江古籍出版社

《聆听家训》编委会

顾　　问：屠立平

主　　编：吴荣山　　祝贵耀

编写人员：姚彩萍　　张君杰　　江惠红　　沈凌霞

　　　　　俞亚娟　　蒋玲娣　　姚正燕　　周　佳

　　　　　沈益萍　　陈园园

编者的话

家训是我国传统文化中极具特色的部分，它以深厚的文化内涵和独特的艺术形式真实地反映了时代风貌和社会生活。在孩子人生成长的萌芽期，听一听祖祖辈辈流传下来的话，可以获得丰厚的精神养料，有助于树立正确的"三观"。

曾经家传，而今弘扬。新时代重读优秀的古代家训，就是希望以好家风支撑起全社会的好风气，把家庭的传统美德传承下去。为此，我们策划与编写了《聆听家训》丛书。丛书包含"爱国篇""立志篇""勉学篇""孝悌篇"和"明礼篇"五个分册，收录三百则家训。每一分册以"故事会"为引领，结合故事遴选历代家训良言，再配以注释、译文，帮助初涉人世的青少年了解古人的治家典范，学习优秀的家风家训，达到"立德树人"之愿景。

《聆听家训》选编的每一则家训，都经过千挑万选、反复斟酌。这些进德修身、励志勉学、孝老敬长、睦亲齐家、报国恤民的好家训，有三大特点：

经典性。每则家训、每个故事均是中华传世经典，突出爱国、立志、勉学、孝悌、明礼等中华优秀传统文化。在经典的熏陶下，有助于孩子形成健康的品格和健全的人格。

适宜性。每则家训、每个故事均有适宜的思想主题，且适合诵读、易于理解，既能让孩子从小受到传统文化的熏陶，传递正能量，也能为语文学习积淀文言语感、言语思维。

趣味性。每则家训、每个故事短小精悍，那一个个历史故事、寓言故事、名人故事，让家训变得更有魅力、更有滋味。孩子们可以一边品着妙趣横生的故事，一边读着寓意深远的家训。

《聆听家训》以正确的理念引导孩子，以规范的家训约束孩子，以优良的家风塑造孩子，以生动的故事感染孩子，以典型的人物影响孩子。

"爱国篇"以弘扬爱国主义精神为核心，引导孩子深刻认识"中国梦"的含义，以增强国家认同和自豪感，培养自信、自尊、自强的健康人格。"立志篇"以培植正心笃志的人格为重点，引导孩子从小树立远大的志向，明白立志、立长志的重要性，懂得志向不在大小，而在奋发向上、矢志不渝、初心不改。"勉学篇"以锤炼积极进取的态度为目的，引导孩子明白"好学"还需"力行"、"温故"又能"知新"的道理，做到"学""思"合一、"知""行"合一。"孝悌篇"以感恩父母、孝敬长辈为主题，引导孩子树立尊亲、敬亲、养亲、顺亲、谏亲的孝道观，懂得感恩与回报。同时"老吾老以及人之老"，做到尊师、敬老。"明礼篇"以完善道德品质为追求，引导孩子养成良好的行为习惯，正确处理个人与他人、个人与社会、个人与自然的关系，从小做一个辨是非、知荣辱、明礼仪的好孩子。

学习家训，也要与时俱进，要善于利用现代媒体和手段去搜索，要善于紧跟时代的潮流和步伐去践行。《聆听家训》向孩子们的学习和生活开放，向社会的建设和创新开放，向国家的需要和发展开放，让孩子们去认同、去传承、去创造，在"家训"里成长，向着阳光，向着未来！

目 录
CONTENTS

志之所趋，无远弗届；志之所向，
无坚不入。

1. 志向和智慧缺一不可

诸葛亮挥泪斩马谡

公元 228 年，诸葛亮为实现统一大业，发动了一场北伐曹魏的战争。他任命马谡（sù）为前锋，镇守战略要地街亭。临行前，诸葛亮再三嘱咐："街亭虽小，关系重大。如果街亭失守，我军必败。"并指示他一定要"靠山近水安营扎寨（zhài）"。

马谡到达街亭后，骄傲轻敌，自作主张将大军部署在远离水源的街亭山上。

副将王平劝道："街亭一无水源，二无粮道，若魏军围困街亭，切断水源，断绝粮道，蜀军将不战自溃。请主将依山傍水，巧布精兵。"马谡不但不听劝阻，反而自傲地说："我通晓兵法，这点世人都知道，连丞相有时都向我请教。你王平手不能书，懂什么兵法？"接着又洋洋自得地说："居高临下，势如破竹，置之死地而后生，这是兵家常识。"

王平再次劝阻："这样布兵很危险啊！"马谡见王平不服，便火冒三丈地说："丞相委任我为主将，部队指挥我负全责。如果兵败，我甘愿革职斩首，绝不怨怒于你！"王平再次义正词严："我对主将负责，对蜀国百姓负责。最后恳请您遵循丞相指令，依山傍水布兵。"马谡仍固执己见。

魏明帝曹睿得知蜀将马谡占领街亭，立即派骁（xiāo）勇善战的张郃（hé）领兵抗击。张郃进军街亭，立即挥兵切断水源，掐断粮道，将马谡部队围困于山上，然后纵火烧山。蜀军饥渴难忍，军心涣散，不战自乱。马谡失守街亭，战局骤变，迫使诸葛亮退回汉中。

诸葛亮总结此战失利的教训，百感交集，老泪纵横，他痛心地说："是我错用了马谡啊！"尽管诸葛亮十分爱惜马谡的才华，但为了严肃军纪、重振军威，他不得不下令将马谡革职入狱，挥泪斩首示众。

王平在街亭一战中曾劝阻马谡，在退兵时又凭着智谋突出敌军的包围，显露出超凡的军事才能，于是诸葛亮将他提拔为参军。

孔明挥泪斩马谡

聆听家训

有志方有智，有智方有志。惰士①鲜②明体③，昏人无出意④。兼兹庶⑤其立，缺之安所诣⑥。珍重少年人，努力天下事。

——[明]汤显祖《智志咏示子》

① 惰士：懒惰的人。

② 鲜（xiǎn）：很少。

③ 明体：识大体。

④ 出意：创新之意。

⑤ 庶：差不多。

⑥ 诣：到达。

译文

有了志向才会有智慧，有了智慧才会有更大的志向。懒惰的人很少能识得大体，昏庸的人没有创新之意。同时拥有志向和智慧的人差不多就可以立身，缺乏这两样的人又能在哪里容身？自己珍重啊少年人，努力去干天下的事业。

小叮咛

小朋友，每个人的能力各有不同，有能力并不一定能做成大事。就如马谡，因骄傲自大而使街亭失守，也让自己丢了性命。我们平时要看到个人的优势，同时不断加强学习，善听劝言，不做"惰士"和"昏人"，努力"志""智"兼备哦！

2. 人有所养

"耳朵先生"谱写《义勇军进行曲》

聂耳，原名聂守信，1912年出生于云南昆明。童年时的聂守信，充分受到云南丰富而又优美的民间音乐和戏曲的熏陶。喜爱唱民歌的母亲就是他最早的音乐启蒙教师。10岁时，他从邻居那里学会了吹笛子，后来又学了二胡、三弦和月琴，并参加了学生音乐团，担任指挥。18岁时，他来到上海，考入明月歌剧社，正式开启了艺术生涯。

聂守信的音乐敏感度很高，耳朵灵敏，只要听过一遍曲谱，他就能哼唱出来。于是，别人给他起了个绰号——"耳朵先生"。从此，他就索性改名聂耳。

20世纪30年代，日寇的铁蹄伸向我国华北地区，而且对我国的侵略日甚一日，全面战争迫在眉睫。可当时社会上却充斥着不少靡靡之音，很多老百姓对外敌入侵麻木不仁。田汉、聂耳这些有识之士意识到：如果长此以往，国人必定沦为亡国奴啊！于是，二人议定，要创作一首歌来激发民众的斗志和对国家未来的信心。

二人研究了很多曲子。1935年初，田汉改编了电影《风云儿女》，并写了一首主题歌。由于发现国民党特务已来追捕，仓促间他在一张小小的香烟包装纸上写下歌词，就被抓进了监狱。聂耳得知此事，主动提出:"作曲交给我,我干!"聂耳根据同田汉一起提出的构想,带着满腔激愤,只用两天时间便谱写了初稿。

越来越紧张的社会局势,更激发了聂耳的创作灵感,他不断修改,使歌曲的旋律更加高昂雄壮。后来,聂耳为了躲避追捕来到了日本。在异国他乡,他进行了最后的修改,改后寄送回国,于是就有了《义勇军进行曲》。

不管国家命运多么坎坷,只要听到《义勇军进行曲》那慷慨激昂、铿锵有力的旋律和鼓舞人心的歌词,我们就能充满力量。

聆听家训

人有所养①,则志气大而识见明②,忠义之士出。

——[宋]李邦献《省心杂言》

①养:培养,蓄养。
②明:懂得,通晓。

译文

如果对人有所培养,那他就会志向远大而且见识明达,有忠心和义气的人才就会出现。

小叮咛

小朋友,人才不是天生的,就像聂耳这样的人才也是在不断学习、实践中成长起来的。我们平时除了要强化知识和技能培训外,还要创造机会,在实践中增长才干!

3. 行行出状元

向植物偷师学智慧

鲁班是春秋末期鲁国人，他出生在一个工匠世家。12岁时，父亲让他求师学艺，鲁班有幸得到了一位隐居在终南山的木工师父的倾囊相授。从小的耳儒目染，加上后天的努力，鲁班很快成长为一名优秀的工匠。

有一次，皇帝命令鲁班在15天内伐出300根梁柱，用来修一座大宫殿。于是，鲁班就让徒弟们上山伐木了。徒弟们每天起早贪黑，挥起斧头拼命地砍啊砍啊，可是效率实在太低了！他们一连砍了10天，一个个累得筋疲力尽，结果只砍了100来棵大树，远远无法满足工程的需要。

眼看皇帝选定动工的黄道吉日越来越近了，这可怎么办呢？鲁班急得像热锅上的蚂蚁。他决定亲自上山看看砍伐树木的情况。山路很陡，他深一脚、浅一脚地朝山上走着。

突然，鲁班感觉一阵刺痛，抬手一看，发现手被划出一道口子，渗出了血珠。鲁班好奇是什么东西这么锋利？他仔细地观察四周，原来是丝茅草！一根又轻又软的小草竟然能将手指划破？他摘了一片草叶，仔细端详，原来草叶边缘长着一排又尖又密的细齿。

鲁班豁然开朗，连忙奔回工地，他用毛竹做了一条竹片，上面刻了很多像丝茅草叶那样的锯齿。用它去锯树，速度快极了，但竹片容易断，鲁班又想到用铁片来代替，带有锯齿的铁条锋利耐用，大大提高了工作效率。

这铁条，就是锯的祖先。有了它，鲁班和徒弟们只用了13天，就伐出了300根梁柱，提前完成了任务。

聆听家训

人之有子，须使有业①。贫贱②而有业，则不至于饥寒；富贵而有业，则不至于为非③。

——[宋]袁采《袁氏世范》

① 业：职业，工作。
② 贫贱：贫穷。
③ 为非：做坏事。

译文

人有了自己的孩子之后，必须让孩子有一份工作。贫穷的家庭让孩子有工作，那么他就不会挨饿受冻；富贵人家让孩子有工作，那么他就不会因为无所事事而胡作非为。

小叮咛

俗话说："三百六十行，行行出状元。"小朋友，无论将来你从事什么工作，只要能像鲁班那样善于思考，愿意努力，就算再平凡的工作，你也一定能做出一番成绩哦！

4. 以德育人

中国的"圣诞节"

小朋友，你知道 9 月 28 日是什么节日吗？这一天，是我国古代著名的思想家、政治家、教育家、儒家学派创始人，被后世尊为"圣人"的孔子的诞生日。

孔子（宋·马远）

孔子的一生是不断学习、不断体悟、不断修养的一生，在道德的不断完善中，他最终修炼成了至高无上的圣人，成为万世师表。

据说孔子刚出生时，长相比较怪异：鼻孔朝天、牙齿暴露、头顶凹陷，很像一座山丘，所以父亲给他取名叫孔丘。孔子 3 岁时，父亲就病故了，母子二人从此过着艰难困苦的生活。都说"穷人的孩子早当家"，孔子从小就体贴母亲，非常懂事。为了减轻母亲的负担，粗活、累活也都抢着干，7 岁时他就一个人上山砍柴。为了生计，青年时代的孔子曾做过管理仓库、牧场的芝麻小官，但不管大小事情，他都竭尽全力，做到完美。

孔子极为聪明好学，20岁时，他的学识就已经非常渊博，被当时的人称赞"博学好礼"。后来他创办平民教育，收徒讲学，远近各地的学生纷纷来跟他学习。由于孔子超凡的能力和学识，在仕途上他不断得到提拔。51岁时被任命为中都宰（相当于现在的市长），政绩卓越；52岁升任司空（相当于现在的建设部长）；后又升任大司寇（相当于今天的公检法部门最高长官）；56岁时升任代理宰相，兼管外交事务。

孔子理政期间，鲁国内政外交大有起色，国家实力大增，百姓安居乐业，"路不拾遗，夜不闭户"，社会秩序非常好。但由于小人的陷害，孔子最终离开鲁国，周游列国14年，将大部分精力用在教育事业上。他完成了《诗》《书》《礼》《易》《乐》《春秋》等的编修工作，精心教授学生，培养出了大量卓越的人才。相传孔子有学生3000人，其中特别出色的学生就有72人。

孔子的弟子及其再传弟子把他和所有弟子的言行、语录和思想记录下来，整理编成了儒家经典《论语》。直到现在，我们还以之为经典，不断地学习、运用，可见它对后世的影响之大。孔子还被列为"世界十大文化名人"之首，被我们称为"孔圣人"。

道德仁义，教化之源。

善治天下者，以道德而为郭
郭①，以仁义而为干橹②，陶
民于仁义，纳③民于道德。

——[明]朱棣《圣学心法》

①郭（fú）郭：外城，比喻屏障。
②干橹（lǔ）：小盾为干，大盾
　为橹，泛指武器。
③纳：接受。

译文

　　道德规范、仁爱正义，是教育感化人的根源。善于治理国家的人，
是把道德规范作为屏障，把仁爱正义作为武器，以此来影响人们的
思想和性格，让他们认同并遵守道德规范。

小叮咛

　　小朋友，一个人具有良好的德行，才能得到大家的尊重。就像
孔子那样，以德感人，以理服人，用仁爱来影响他人，一直被后世
所敬仰。那么我们小学生应该遵守哪些规范，养成哪些德行呢？还
是让我们快去看看《小学生日常行为规范》吧！

5. 行善积德

改变命运的袁了凡

袁了凡，原名袁黄，号学海。明朝万历年间，他出生于浙江嘉善。

袁黄出身医生世家，幼年丧父，由母亲抚育，为继承家业而学习医术。有一天，袁黄上山采药路经慈云寺的时候，遇到了一位鹤发童颜的孔老先生。老先生看了看袁黄的面相，语重心长地说道："你这孩子啊，将来是要做官的人哪！明年你就能考取秀才，为什么不去读书呢？"袁黄将自己的家世说了一通。然后，孔老先生对袁黄的命运作了种种预测：几岁参加什么考试，得第几名；年纪轻轻就会当上地方长官，当了几年后会告老归家；只可惜一生无子，53岁时寿终正寝等等。

袁黄听了老者的话，将信将疑。然而，后来发生的一些事情果然如这位孔老先生预料的一样！袁黄开始相信命运了，"命里有时终须有，命里无时莫强求"，既然命由天定，人还有什么可奋斗的呢？从此，袁黄整日唉声叹气，心如死灰，了无生趣。他整日静坐，一点书都不看。

有一天，袁黄去栖霞山拜访云谷禅师。两人在一起打坐三天三夜都不眠。云谷禅师看他定力非凡，很是惊奇，就问他："凡人之

所以不能成为圣人，是因为心里的杂念欲望太多。你静坐三天，倒是不见你有什么杂念，这是为什么呢？"袁黄便将少年时孔老先生给他算命预测未来的事情一五一十地告诉了云谷禅师，并说："我已经不再追求什么了。"

云谷禅师听了，哈哈大笑，说："我还以为你是个豪杰呢，原来也是凡夫俗子一个呀！"并

松荫论道图（清·石涛）

批评他："命运虽有天运，但谁说就不能改变呢？命是自我创造的，福是自己求得的。你要多修炼道德、多行善事，这些都是你自己所积的善德，怎么会得不到回报呢？"袁黄幡（fān）然醒悟，发誓要做3000件善事，并从此改名为"了凡"，目的是要了却凡夫俗子的成见。

此后每晚，袁了凡都会反省一天的所作所为，在《功过格》上按格记功过。每到月底，总结一次，将功抵过，多余的可作为善行。十年间，袁了凡就完成了3000件善事，他立誓再做3000件善事，后又坚持日行一善。再后来，他不但有了子孙，还活到了70多岁。

袁了凡将自己改造命运的经历写成了《了凡四训》，告诉他的儿子：不要被命运束缚住，应竭力行善，"勿以善小而不为"，也必须努力断恶，"勿以恶小而为之"，即"断恶修善"。《了凡四训》这本书，被誉为"中国历史上的第一善书"和"东方励志奇书"。

今立志求道，如不识此本体，更于心上生心^①，向外求道，着相^②用功，愈求愈远。此德本明，汝因而明之，无毫发可加，亦无修可证，是谓明明德^③。

——[明]袁黄《训儿俗说》

①心上生心：指因见闻声色，随境而动心，产生种种假象。
②着相：指执着于事物的表象。
③明明德：彰显人们天赋的光明完美的德性。

译文

如今你立志追求天地之道，如果不能认识事物的本质，更是随境动心产生种种假象，向外去求，执着于外相而不断地用功，那就会越求越远了。人的性德本来就是光明的，你随顺而彰显它，于它没有一丝一毫的增加，也没有什么可以修正的，这就叫作彰德显明。

小叮咛

小朋友，决定一个人命运的从来就不是什么风水、星座，而是自己的"心田"。"命是自己创造的，福是自己求得的"，从今天起，日行一善吧！不要担心自己的力量太小哦，如果大家都这么做，那将会产生巨大的能量呢！

6.务业谋生

孙思邈行医趣闻

孙思邈（miǎo）年幼时体弱多病，父母常带着他到处求医问药。他看到不少穷人生病后的惨状，心里非常难过。于是他立志学医识药，到深山里向一位有名的药师学习。

孙思邈

孙思邈学习十分刻苦，很快就出师了。出师的时候，师父嘱咐他说："要做个好大夫，绝不能贪图安逸。你要读万卷书，行万里路，云游四方，广采众长，学习医药之道。等到脚下的鞋子七斤重时，你才可以定居行医。"孙思邈听从师父的教诲，背上行囊云游天下。

多年后，他回到家乡京兆华原（今陕西铜川市耀州区），那天正好天降大雨，孙思邈走在山路上，路上满是泥泞，他步履艰难，沾在鞋子上的泥越来越多。他躲进路旁的龙王庙避雨，庙里正好有个菜贩子，孙思邈脱下鞋子，对菜贩子说："麻烦你帮我称一下这双鞋子有多重？"菜贩子一称，笑着说："大夫，你这鞋子呀，连泥带水，不多不少，正好七斤哩！"

"七斤就对了，我就在这里定居下来，从此立地生根吧！"

于是，孙思邈在山脚住下来，定居行医。他医术高明，药到病除，很快便誉满天下，人人称他为"药王"。那座山呢，因为有"药王"居住，从那时起便被唤作"药王山"。

孙思邈离世后，人们建了一座药王庙，以此来纪念他。

聆听家训

人须各务①一职业。第一品格②是读书，第一本等③是务农，外此为工为商，皆可以治生④，可以定志，终身可免于祸患。

——[明]姚舜牧《药言》

①务：从事，致力。
②品格：这里指等级。
③本等：分内应做或应有的事。
④治生：谋生，经营家业。

译文

每个人都应当致力于一种职业，最高雅的当然是读书，最实在可靠的是务农，除此之外是打工或经商，都可以谋生，都可以确定自己的发展方向，终其一生可以避免遭受祸患。

小叮咛

职业不仅仅是为谋生，也是一个人立足于社会，担负起家庭和社会责任的一种手段。小朋友，你将来想从事什么职业呢？怎样才能从事这样的职业呢？

7. 人各有志

===故事会===

"我的根在中国"

1947 年，刚刚 36 岁的钱学森，被美国麻省理工学院聘为终身教授。这是多么高的荣誉啊，它预示着钱学森今后的优厚待遇和远大前程。

然而，当身在异国他乡的钱学森得知中华人民共和国成立的消息时，他满怀激动和喜悦之情，他想："我是中国人，我的根在中国！我可以放下在美国的一切，但不能放下我的祖国。我应该早日回到祖国去，为建设新中国贡献自己的全部力量！"他还对中国留学生说："祖国已经解放了，国家急需建设人才，我们要赶快把学到的知识用到祖国的建设中去！"

钱学森准备回到中国的决定，引起美国有关方面的恐慌。美国海军次长丹尼·金布尔甚至说："我宁可把钱学森枪毙了，也不让他离开美国！他知道的实在太多了，无论走到哪儿，一个人至少抵得上 5 个师的兵力！"

于是，钱学森的回国计划受到严重的阻挠。美国官方禁止他离开美国，甚至还无中生有，诬蔑他是"间谍"，抄了他的家，把他逮捕关押。

钱学森没有屈服，他不断向美方提出严正要求：坚决离开美国，回中国去！经过钱学森和中国外交部的不断努力，1955年8月，美国政府被迫同意钱学森回到中国。钱学森的愿望终于实现了！

回国后的钱学森一头扎在了军事科学的研究中。他倾其所学，为祖国的国防事业作出了巨大的贡献。他被誉为"中国航天之父"，被授予"两弹一星功勋奖章"。

聆听家训

志①于道德，功名不足以累②其心；志于功名，富贵不足以累其心。其不累者，以志各有在耳③。

——[清]张履祥《近古录》

①志：立志。
②累：牵连。
③耳：而已，罢了。

译文

一个人如果立志于道德修养，就不会把功业和名声放在心上；一个人如果立志于功业和名声，就不会把钱财和地位放在心上。不把这些放在心上的人，是因为他有自己的志向而已。

小叮咛

小朋友，钱学森爷爷为了能为祖国的发展贡献一己之力，放弃了金钱、名利、地位以及优越的生活。他为什么能做到这样呢？因为他的心中有志向。那么，你的志向在哪儿呢？

8. 人贵立志

曾子城作诗立志向

曾国藩初名曾子城，年少时即才华过人，远近闻名。

他14岁那年的一天，父亲让他去集市上买肉。卖肉的屠户也曾听说曾子城书读得好，便想考考他："如果你能按照我出的题作首诗，我就把肉送给你，分文不取。"

曾子城立马答应了，急着请卖肉的人出题。

"我听说你家后院有一个池塘，你就以《小池》为题，作一首诗怎么样？"曾子城一听，沉思片刻，脱口吟出了一首五言诗：

> 屋后一枯池，夜雨生波澜。
>
> 勿言一勺水，会有蛟龙蟠（pán）。
>
> 物理无定姿，须臾（yú）变众窍。
>
> 男儿未盖棺，进取谁能料？

用今天的大白话来说，就是：屋后有口干枯的小池塘，一夜大雨，雨水注满了池塘。不要说它的水量很小呀，说不定哪天会有蛟龙蟠在其间呢！世上的事理并不是一成不变的，没准瞬间就会有大变化。男子汉不到生命尽头，谁能料定他成就的大小呢？

曾子城吟完这首诗，周边围观的群众纷纷鼓掌称赞。

卖肉的屠户一听曾子城的诗气势冲天，于是就把肉免费割给了他，心中感叹："这小子未来不可估量呢。"

后来，曾子城果然进取不止，成了当时著名的政治家，位列"晚清四大名臣"之一，也是湘军的创立者和统帅。

聆听家训

人贵立志。志非大言不惭①之谓也，乃念念②向上一等做去。
——[清]于成龙《于清端公治家规范》

①大言不惭：说大话而毫不感到难为情。
②念念：可以引申为一心一意。

译文

一个人最重要的是要立下志向。立志不是说大话，而是一心一意地向着目标，坚持不懈、脚踏实地去做。

小叮咛

小朋友，"志不立，天下无可成之事"。一个人如果没有志向，人生就会如一盘散沙。"有志者事竟成"，我们要像曾子城那样，立下志向后坚持不懈、脚踏实地去做，这样终会成功的。

9. 学做圣贤

被低估的圣人

鬼谷子

相传在很久很久以前，有一家姓赵的和一家姓周的，他们是邻居。赵家经商，周家务农，两家关系非常好。后来，赵家经商破产了，周家便慷慨接济。赵家为了表示感谢，许诺等女儿成年后，将她许配给周家。

赵、周两家婚约定下后没过多久，周家父母就相继去世了。自此，周家家境逐渐败落，赵家想要悔婚毁约。周家公子惦念与赵家女儿的青梅竹马之情，一听说赵家要悔婚，竟一病不起，不多久便含恨离开了人世。赵家女儿是情深义重的女子，听到这个消息，赶到周家公子坟前，痛哭不已。因哀痛过度，竟哭晕过去，恍惚中，她看到周家公子请她把坟前的一株稻谷带回家去。

赵家女儿苏醒后，发现身边真的有一株稻谷，就将它带回去煮饭吃了。没想到不久以后，赵家女儿就怀孕了，怀胎十月，生下了一个男孩。因鬼生谷，因谷生子，赵家女儿便给这个孩子取名为"鬼谷子"。

鬼谷子生来就一副聪明相。传说他刚生下来就能开口说话，两岁就上知天文、下知地理，三岁就精通医学。不久他就成了村里的神人。话说这一年，县太爷的腿上长了个大疮，疼得他整日哭爹喊娘，找遍名医都治不好。衙役们打听到鬼谷子医术了得，就抓了他到县府。鬼谷子瞧了一眼县太爷烂了一个大洞的腿，说道："大人，要治好您的腿不难，砍了换一条就成。这位小哥的腿刚好适合安在您的腿上。"说着指了指刚才抓他的一个衙役。原来，鬼谷子来县府的路上，可没少遭受这个衙役的毒打。

没等衙役反应过来，县太爷就命人砍下了他的腿。鬼谷子也飞快地切下县太爷的坏腿，三下五除二，为他安上了衙役的腿。不一会儿，县太爷就行走自如了，他高兴极了，当下送了鬼谷子许多财物以作酬谢。

被砍了腿的衙役鲜血直流，他苦苦哀求鬼谷子救命。这时堂上正好来了一条狗，鬼谷子眼疾手快砍了狗腿安在衙役腿上，很快衙役也行走如常了。据说后人习惯把在当官的手下跑腿的差役叫"狗腿子"，就是源于此。当然，鬼谷子心地善良，他用泥巴给那条狗做了一条腿安上，狗行走起来也如往常一样。

关于鬼谷子的有趣传说还有很多。据说孙膑、庞涓、张仪、苏秦这些战国时期呼风唤雨的人都曾拜于他的门下。鬼谷子是中国历史上极富神秘色彩的传奇人物，他在智谋方面的才能非同一般。他是思想家、谋略家、教育家，是道家、兵家的集大成者，还是纵横家的鼻祖。这些都是他身上的标签，他被称为"最被低估的圣人"。

何以谓之贤？敦重①彝伦②，安分循③礼，义能读书，勤俭宽仁，好④亲近君子者是也。

——[清]金敞《宗约》

①敦重：敦厚庄重。
②彝（yí）伦：伦常，日常的礼仪和法规。
③循：遵守，遵循。
④好（hào）：喜欢。

译文

怎样才能称得上贤人呢？敦厚庄重，遵守伦常，恪守规矩，遵守礼法，注重学习，勤劳节俭，宽厚仁慈，喜欢和品格高尚的人交往，这样的人就能称之为"贤"。

小叮咛

小朋友，想要做个圣贤可不是一件简单的事。鬼谷子能够被称为"圣人"，背后一定付出了常人难以想象的努力。如果我们从小就能恪守规矩、遵守礼法、勤劳节俭、宽厚仁慈，那么，你也一定会得到大家的喜欢和敬佩。还等什么，从现在开始努力吧！

10. 心如磐石，必成功

穷和尚与富和尚

很久以前，在四川边境一带有两个和尚：其中一个很富有，另一个则很贫穷，需要靠化缘及人们的接济才能解决温饱。

日子一天天过着，在一个风和日丽的春日，两个和尚相遇了。

两人相见甚欢，富和尚还请穷和尚饱餐了一顿。聊着聊着，穷和尚便向富和尚道出了他这几天的一个想法："听人说，南海广袤（mào）无边，水势浩大，很适合我们悟道修行。我想明天就出发去看一看，你觉得怎么样？"

富和尚听了，立马问道："南海路途遥远，你打算怎么去呢？"穷和尚说："一个水瓶、一个饭钵（bō）就足够了，一路行走，一路化缘，一路赏景，妙哉！"

富和尚连连摇头："我也一直有去南海的想法，总想雇船往下游去，但是至今还未能实现。你仅凭一个水瓶、一个饭钵怎么可能呢？"穷和尚说："我心意已决，相信我可以的，你与我一同去吧！"富和尚哈哈大笑，回绝说："你自己去吧！等你去成了再说！"

第二天，天还没亮，穷和尚就拿着他的水瓶和饭钵朝南出发了。

当倾盆大雨漫天而注时，穷和尚头顶破斗笠继续前行；当皑皑白雪漫天飞舞时，穷和尚拄着木棍行进在没腿深的雪地里；当烈日当头、酷暑难耐时，他依然忍受着淋漓而下的大汗前进着……

冬去春来，又是一个风和日丽的日子，穷和尚从南海回来了。他又遇到了富和尚，便把去南海这件事讲给富和尚听。富和尚听了，无比惭愧！

四川边境距离南海，不知道有几千里远，富和尚不能到达而穷和尚却能到达，这是为什么呢？

聆听家训

> 志之所趋，无远弗届①；志之所向，无坚不入。
>
> ——[清] 爱新觉罗·玄烨《庭训格言》

① 届：到。

译文

一个人如果下定决心想要去一个地方，不管多远他都能够到达；一个人如果有明确的志向，不管多难，他都能够成功。

小叮咛

小读者们，立下志向，下定决心，就能给我们无穷的力量。要知道"世上无难事，只怕有心人"。心存志向，朝着目标不断前行，不畏惧，不后退，总有一天你会像穷和尚那样到达成功的彼岸。

11. 立志是进学真种子

闻鸡起舞

西晋时的祖逖（tì），是个胸怀坦荡、抱负远大的人，他从小勤练武术，钻研兵法，立志要做一番大事业。他广泛阅读书籍，认真学习历史，从中汲取了丰富的知识，学问大有长进。

刘琨（kūn）也是个有志气的年轻人，他和祖逖两人幼时便是好友。两人感情深厚，有着共同的远大理想：建功立业，复兴晋国，成为国家的栋梁之材。

一天半夜，祖逖忽然被一阵鸡鸣声吵醒，他连忙把刘琨唤醒，说："你听到鸡叫声了吗？"刘琨侧耳细听，说："是啊，是鸡在啼叫。半夜的鸡叫声可是恶声啊！"

祖逖一边起身，一边反对说："别人都认为半夜听见鸡叫不吉利，我偏不这样想，咱们以后干脆听见鸡叫就起床练剑如何？""好啊好啊！"刘琨欣然同意，跟着起身。

两人来到院子里，只见满天星光，月色皎洁，于是专心地练起刀剑来。直到曙光初露，

闻鸡起舞

· 26 ·

他们才汗涔（cén）涔地收剑回房。

从此，两人每到夜半，一听到鸡鸣，便起床练剑，剑光飞舞，剑声铿锵（kēng qiāng）。冬去春来，寒来暑往，从不间断。

功夫不负有心人，经过长期的刻苦学习和训练，他们终于成为能文能武的全才，既能写得一手好文章，又能带兵打胜仗。

当时，祖逖看到国家屡遭匈奴军队侵犯，有很多城池沦陷，他非常着急，立刻上书皇帝，请求率兵北伐，收复失地。皇帝很高兴，封祖逖为"奋威将军"，令其带领军队北上。由于祖逖和刘琨作战英勇，不久便收复了北方的很多城池，实现了他们报效国家的愿望。

聆听家训

立志二字，乃进学①真种子，真根本也。

——[清] 王心敬《丰川家训》

①进学：科举制度中，指考进高级学府当秀才。现指学习有进步。

译文

立志二字，是催人学习进步的真种子、真根本。

小叮咛

小朋友，立志是一个人成就事业的根本。有志向就会有定力，就能够朝着目标去努力，遇到困难或挫折就不会迷茫，也会比其他人更明白自己的处境，做事的计划性更强。

12. 立志成志

沈括和《梦溪笔谈》

宋真宗时，每年都要给辽国送去大量的岁币和绢，以此来维持彼此之间相对稳定的局面。后来，辽国看见宋朝如此软弱无能，就想要侵吞宋朝的土地。于是，就派使臣来到东京，气势汹汹地要求重新划定边界。宋朝皇帝没办法，只好派沈括前去和辽国的大臣进行谈判。

沈括出生在江南，是杭州钱塘（今浙江杭州）人。他小时候读书十分勤奋，在母亲的指导下，14岁就读完了家中所有的书籍。后来，他又跟随在外做官的父亲四处奔波，曾经先后到过今天的福建、江苏等地，也因此增长了不少见识。

沈括是个十分认真负责的人，他接到了皇帝派给他的谈判任务以后，就仔细思考了商议划定边界的办法，然后绘制好了地图，证明辽国想要的那块土地本就属于宋国。因为他说的有凭有据，最终辽国只好放弃了无理要求。

后来，沈括几次被派遣到不同地方做官，他坚持考察当地的地理情况，修订地图，最后终于完成了当时最准确的一本全国地图册。

沈括不仅在地理研究上有出色的成就，还是一个研究兴趣很广

泛的科学家。晚年隐退后,他在润州(今江苏镇江)卜居处"梦溪园"把自己一生的研究成果都记载了下来,写成了《梦溪笔谈》。

这部著作可以说是他毕生所学和实践的结晶。这本书一共分为30卷,其中与科学技术相关的条目就有200多条,涉及方方面面,是一部科学的启蒙书,被评价为"中国科学史上的里程碑"。

聆听家训

凡人生最须①立志,盖②志欲为圣贤,未③有不终④为圣贤者;志欲为功业,未有不终为功业者;志欲为文学,未有不终为文学者;志欲得科名⑤,未有不终得科名者。

——[清]潘宗洛《诚一堂家训》

①须:必得,应当。
②盖:句首语气词。
③未:没有,不曾。
④终:到底,总归。
⑤科名:科举考中而取得的功名。

译文

人最应当立下志向。凡是立志要做圣贤的,没有人最后不成为圣贤的;立志要成就功绩与事业的,没有人最后不成就的;志在文学上有所建树的,没有人最后不成为文学家的;志在科举中得到功名的,没有一个人不达成这个愿望的。

小叮咛

小朋友,不论你想做什么,立志都是第一步。志向就好像人生的指南针,指引着人生的方向。请再三思考,你的志向是什么?

13. 无志就无着力处

路不拾遗

唐朝建中年间，有个秀才叫林善甫，他带着书童前往京城太学读书。主仆二人路经蔡州时，天色已晚，他们就到一家客店投宿。

晚上，林善甫上床休息，觉得身下有硬物硌（gè）着，很不舒服。于是点灯一看，发现垫被下面有个布袋，袋中装着上百颗罕见的大珍珠，价值连城。林善甫拿在手上细细察看了一番，略一思索，就收到了自己的行李中，然后若无其事地熄灯休息。

第二天，林善甫问店主人："前天夜里什么人在我那间房里住宿？"店主人答道："是一位过路客商。"

"这个客商是我的一位故友，我们相约在此会面。因我误了日期没能见到。如果他回来寻找，麻烦店主转告，让他来京城太学寻找林善甫。"并再三叮嘱店主人，"千万千万要记住！不能误事！"

林善甫担心店主人误事，便吩咐书童在沿途显眼的墙上张贴启事。启事上写道："某年某月某日，南剑州林善甫于返京城太学途中，宿于蔡州客店，有故友寻觅大珠，请去京城太学寻访，勿误。"

不过半月，主仆二人已到京城。林善甫仍安心在太学读书。

再说这袋珍珠原来是商人张客遗下的。当他发现所带珍珠不翼而飞时，大惊失色，只得沿原路细细寻找，一直寻到蔡州客店，向店主人打听住客。店主人把林善甫的话转达给他。张客听了很迷惑，但还是日夜兼程，来到京城。

到了京城后，张客径直来到太学，找到林善甫后，簌（sù）簌泪下，跪倒在地，把遗失布包的前后经过详细说了一遍。

林善甫得知情况后，安慰道："不要慌不要慌，你的东西在我这里呢。里面有些什么东西？"张客如实相告，林善甫听他说得不错，便将布袋以及布袋里的珠子一颗不少地还给他。

张客非常感动，决定拿出一半珠子酬谢他。林善甫拒绝道："我如果想要你一半珠子，何必叮嘱店主，又何必沿途张贴启事，让你来京城太学寻找。"张客千恩万谢，拜辞而去。

自此以后，林善甫路不拾遗的善举被后人传颂，名垂千古。

聆听家训

书不记，熟读可记。义①不精②，细思可精。惟有志不立，直是无著力③处。只如而今，贪利禄④而不贪道义⑤；要作贵人而不要作好人，皆是志不立之病⑥。

——[清]陈宏谋《养正遗规》

①义：书中的含意、道理。
②精：精通。
③著（zhuó）力：用力，致力。著，同"着"。
④利禄：名利和金钱。
⑤道义：道德和正义。
⑥病：毛病，弊（bì）病。

书上的知识记不牢，熟读就可以记住。书中的道理不明白，仔细思考就能精通。只有志向没有确立好，做事就无从下手。就像当今社会，有些人贪图名利和地位却不注重道德和正义；做人只想做个尊贵的人，却不愿善待他人，这些都是因为没有立下明确志向而导致的毛病。

小叮咛

林善甫路不拾遗，留下了美名，为世人所称颂。小朋友，读了这个小故事，你是不是也很敬佩他？一个人确立好志向很重要，只要立志明确，做任何事就会有的放矢，就会坦坦荡荡，从容以待，成为对社会有用之人。

14. 持之以恒

七口大水缸

王羲之是晋代著名的书法家，他的《兰亭序》是书法界非常有名的一幅作品。

王羲之有个儿子叫王献之，从小就跟着父亲学习书法。王献之聪明好学，一开始，学书法的劲头可足啦！他每天都在书桌前认真练字，伙伴们叫他去玩，他不去；家人叫他一起去郊游，他也没去。大伙儿都说他很认真。

一天，王羲之见儿子正在很认真地练字，就偷偷走到他身后，伸手用力去抽儿子手中的毛笔。王献之握笔很稳，没有被抽掉。王羲之很欣喜，心想这小子将来一定会有出息的。于是就对儿子鼓励了一番。

王献之得到父亲的鼓励，更来劲了。可是，时间一长，他就有点儿沉不住气了，觉得每天这么练，枯燥无趣，厌烦极了。他心里嘀咕着："每天这么练，进步也不大，真没意思。父亲是个大书法家，一定会有写好书法的办法，要不我去问问他？"于是，王献之跑去问父亲学书法的秘诀。

王羲之看着他，想了想，指着家里的七口大水缸说："我的儿啊，

· 33 ·

秘诀倒是有一个，不知道你愿不愿意去做呢？"

王献之一听有秘诀，开心得不得了，满口答应："我愿意，我愿意！"

"这秘诀呢，就在这七口水缸里，你把这七口水缸里的水写完了，自然就知道其中的秘诀啦！"

王献之听得半信半疑，但还是按照父亲说的去做了。他每天起早贪黑地练习，手上都练出了老茧。有时候写累了，想要休息一下，可他一想到父亲说的秘诀，便立刻拿起笔来继续练。就这样，王献之苦练基本功，真的写完了七口大缸里的水！

当他再去找父亲的时候，父亲说："来，写几个字让我看一看！"王献之奋笔疾书，几个大字跃然纸上。王羲之笑着说："看来，我儿已经找到秘诀啦！"

王献之看着自己写的字，恍然大悟。

此后，他继续苦练书法，不仅临摹名家，还形成了自己独特的风格，后来终于成了大名鼎鼎的书法家，与父亲齐名，并称"二王"。

《兰亭序》（东晋·王羲之）

志患①不立，尤患不坚。偶然听一段好话，听一件好事，亦知歆②动羡慕，当时亦说我要与他一样。不过几日几时，此念就不知如何销歆③去了，此是尔④志不坚，还由不能立志之故。如果一心向上，有何事业不能做成？

——[清]左宗棠《左文襄公家书》

①患：担忧，忧虑。
②歆（xīn）：欣喜。
③销歆：除去，解除。
④尔：你（你们）。

译文

令人忧虑的是不能立下明确的志向，尤其使人担忧的是所立的志向不够坚定。偶然之间听到别人说了一段好话，了解到一件好事，心中欣喜羡慕，当时就决定要像他那样去做。可过不了几天，这个念头就消失了，这就是你意志不够坚定，或者说没有立下志向的原因。如果一心向上，执着坚定，有什么大事业做不成功呢？

小叮咛

小朋友，你知道王献之从七口大缸中找到的秘诀是什么吗？没错，就是持之以恒、坚持不懈。不管做什么，一旦立下志向后，能够坚持下去，朝着目标不断努力，那便没有什么事做不好。

15. 大志大作为

林则徐对对联

　　清代著名的民族英雄林则徐，小时候非常聪明，同时又受过良好的家庭教育。他的父亲林宾日是个经验丰富的教师。林则徐7岁时，他的父亲就教他作文、吟诗、对句。

　　有一回，林则徐到姑父家去做客。姑父家的门槛特别高，林则徐人小，迈了老半天还迈不过门槛。姑父见状，便取笑说："神童足短。"林则徐一听，马上回道："姑父门高。"

　　当天，姑父家来了很多客人，大家都很想看看这位远近闻名的神童。当地有一个读书人，正好也在场，他很想考考林则徐，就指着正在游水的鸭子，出了个上联："鸭母无鞋光洗脚。"正在玩耍的林则徐不假思索地对出了下联："鸡公有髻（jì）不梳头。"对仗工整，让人拍手叫绝。

　　有个客人却不服气，他见林则徐

百子团圆图（清·焦秉贞）

长得瘦弱，便出了句对联嘲讽："小孩子两腿木耳。"林则徐马上反唇相讥："老大人一脸花椒。"原来这位客人脸上长了麻子。众人听了，觉得实在太形象了，个个笑得前仰后合。那位麻脸客人顿时面红耳赤，一脸尴尬。

少年林则徐不仅有非凡的才气，还有远大的志向。林则徐上学后，有一次刚好是上元佳节，老师便根据上元佳节闹花灯的情景，出了句上联："点几盏灯，为乾坤作福。"让学生应对。没等其他同学思考，林则徐就抢先应声答道："打一声鼓，为天地行威。"老师听了连声称好。

林则徐 13 岁时，有一次和老师、同学们到海边游玩，看着一望无际的大海，大家开心极了。他们爬到石崖上眺望大海。只见白浪翻滚，波涛汹涌。看着如此壮丽的景观，老师不禁有感而发："我们站在山上看大海，请你们作一副对联，要求上下联中分别含有'海'和'山'字。"年龄最小的林则徐不假思索，立刻答道："海到无边天作岸，山登绝顶我为峰。""好一个'天作岸，我为峰'，小小年纪就有如此志向！"老师赞叹不已。同学们也纷纷向他投去佩服的目光。

长大后，林则徐官至一品，两次担任钦差大臣。

1839 年，林则徐在广东禁烟时，派人明察暗访，强迫外国鸦片商人交出鸦片，并将没收的鸦片于 6 月 3 日在虎门销毁。他被称为"民族英雄"，受到了后世的敬仰，真正是"海到无边天作岸，山登绝顶我为峰"，"为天地行威"。

聆听家训

若不先立下一个定^①志，则中^②无定向，便无所不为，便为天下之小人^③矣。

——[清]陈延益《裕昆要录》

①定：坚定的。
②中：心中。
③小人：指人格卑鄙的人。

译文

如果一个人不先立下一个坚定的志向，那么心中就没有向上的目标，生活中就没有努力的方向，就会什么坏事都干，变成一个人格卑鄙的人。

小叮咛

小朋友，如果我们从小立下一个坚定的志向，那我们的人生就有了努力的方向。就像小林则徐那样，不仅要登上顶峰，还要成为最高峰，正是这样，他才会脱颖而出，成为民族英雄。我们也赶紧行动起来吧，立下志向，让爸爸妈妈鼓励我们不断努力！

有志，可以夺造化。人或有志，
学无不成，无问智愚利钝也。

16. 知止而盛

故事会

范蠡全身而退

范蠡（lǐ）是我国古代春秋时期的政治家、军事家。他的智慧与谋略非一般人所能及。但是很少有人知道，他还是一个非常有经商头脑的商人，也是我国最早的财神原型人物。

吴越两国交战，吴国大军浩浩荡荡地杀进越国，最终越国惨败，越王勾践只能带着一大群老弱残兵投降了吴国。这时，范蠡来到了越王勾践的身边，在越王最为艰难的时候，范蠡帮他出主意，替他设计谋。

最后，越王勾践听从了范蠡的建议，将越国第一美人西施献给吴王夫差，让吴王沉迷于美色，然后勾践趁此机会摆脱吴王的控制，重建自己的国家。

果然，这个计策很好用，吴王得到了西施之后，就整日耽（dān）于酒色，不理朝政。时间长了，吴王也就放松了对勾践的控制，而且吴国的国力也越来越弱。越王勾践看时机到了，便马上组织兵马，一举攻陷了吴国，夫差最终落了个自杀而亡的下场，勾践重新建立了越国。

范蠡（清·任熊）

吴国被灭，最大的功劳是范蠡的，越王拜他为上将军。功成名就后，范蠡发现，越王这个人可以共患难却不能共富贵，于是毅然决然地选择了离开。

范蠡离开勾践之后，生活自给自足，种粮、养殖，慢慢地走上了经商的道路，成了富甲一方的商人。范蠡一生中三次从商，三次都发了大财成为巨富，发了财他就会散钱给贫穷的百姓。在老百姓的心中，他就像一个大财神，为他们带来了财富。

聆听家训

宇宙可臻①其极②，情性③不知其穷④，唯在少欲知止，为立涯限⑤尔。

——[南北朝]颜之推《颜氏家训》

①臻（zhēn）：至，到达。
②极：穷尽之处，边缘。
③情性：性格，本性。
④穷：穷尽，完结。
⑤涯限：边限，限度。

译文

宇宙还可到达它的边缘，情性则没有个尽头。只有减少欲望，懂得收敛、停止，凡事都有个限度才好。

小叮咛

知行知止、能进能退是一种大智慧。只有把握好度，才能获得长久的富足和安乐。小朋友，"知足不辱""知止不殆（dài）"等成语都说明凡事要讲限度。你还能说出类似这样的成语吗？

17. 有志者事竟成

把铁路修到拉萨去

2001年10月18日，随着一声令下，阵阵爆破声响彻雪域高原，风火山隧（suì）道打通了。一条长长的"铁龙"将通过这里，穿越"世界屋脊"青藏高原，到达雪域圣城——拉萨。这就是西部大开发的标志性工程——青藏铁路。这是一条全世界海拔最高、线路最长的高原冻土铁路，也是造福广大人民的利国利民之路。

风火山隧道要穿过多年冻土区，各种复杂的冻土层挡在面前，施工难度极大。一次次爆破，炸出的不是石块，而是坚硬的冰碴（chá）子。难怪一些西方媒体预言：中国人要在这样不良的地质条件下打隧道，是根本不可能的事！

把铁路修到拉萨去，确实不是一件简单的事。风火山隧道施工，由于温度太低，混凝土无法凝固。科研人员昼夜在隧洞里实地观测，经过反复实验，他们终于找到了喷射混凝土的最佳温度，制服了逞凶一时的冻土。

恶劣天气和极度缺氧轮番向筑路队伍进攻。风火山一带经常狂风大作。刚刚搭好的150平方米的保温大棚，一夜之间被大风撕扯得七零八落。新建的发电机房，屋顶的铁皮瓦竟不翼而飞。

风火山隧道海拔 4905 米，这里空气的含氧量不到平原的一半。隧道越掘越深，洞里的空气越来越稀薄。科研人员经过不断地实验和攻关，建成了世界上第一座大型高原制氧站，充足的氧气沿着长长的管道，源源不断地送进隧洞里。风火山，这只巨大的拦路虎，在不怕艰难险阻的科研人员面前一次次低下了高傲的头！

2002 年 10 月 19 日，全长 1338 米的风火山隧道终于胜利贯通！青藏铁路这条"铁龙"在不断向前，拉萨已经遥遥在望……

聆听家训

有志，可以夺①造化②。人或有志，学无不成，无问智愚利钝③也。
——[宋]杨简《纪先训》

①夺：改变。
②造化：上天的安排。
③利钝：敏捷与迟钝。

译文

一个人有志向，可以改变上天的安排。人如果有了志向，不论学什么都能学好，这和聪明或愚笨、敏捷或迟钝没什么关系。

小叮咛

小朋友，不管目标有多遥远，只要我们不断努力，总会离它越来越近。就像在修筑青藏铁路时遇到的那些困难，不也在人们的努力之下一一克服了吗？

18. 自谦集大成

骄兵必败

汉朝时，汉军经常和匈奴国交战。公元前68年，汉军占领了车师国。匈奴得知后，准备派骑兵前往车师国袭击汉军。

听到这个消息，当时的皇帝汉宣帝赶忙召集群臣商议对策。大家议论纷纷，各有各的想法。

将军赵充国主张攻打匈奴，狠狠地教训一下对方，使他们不敢再来骚扰车师国，而宰相魏相却不以为然。他对汉宣帝说："近年来匈奴并没有侵犯我们的边境。边境百姓生活困难，本应与民休息，怎能为了一个小小的车师国再去攻打匈奴呢？况且，我们国内还有许多事情要做，不但有天灾还有人祸，官吏需要治理，违法乱纪的事情也在增多。现在，摆在眼前的事情不是去攻打匈奴，而是整顿朝政，治理官吏，这才是大事。"

大家听了觉得很有道理，纷纷点头，只是赵将军还有些不服气。

于是，魏相又指出了攻打匈奴的后果："如果我们现在出兵的话，即使是打了胜仗，也会后患无穷。因为如果仗着国家强大、人民众多而出兵攻打别人，炫耀武力，即使取得了胜利，又有什么可值得高兴的呢？这样的军队就是骄横的军队，而骄横的军队到最后是一定会灭亡的。我们大汉朝的军队，就应该做一支文明而威武的军队，而不是骄横的军队啊！"

赵将军听了恍然大悟。汉宣帝认为魏相说的有道理，便采纳了他的意见，打消了出兵攻打匈奴的念头。

聆听家训

知傲之祸，知谦之益，趋①舍之分定矣。

——[明]王澈《王氏族约》

①趋：趋向，归向。

译文

了解了自高自大的坏处，知晓了谦虚谨慎的好处，那么你要选择什么，丢弃什么，立刻就有了分晓。

小叮咛

小朋友，"骄傲使人落后，谦虚使人进步"，大凡有大成就的人，都是虚心好学、不断进取的人。

19. 希圣齐贤当奋进

苏轼少年立志

宋朝文学家苏轼从小立志向东汉节义之士范滂（pāng）学习。

那时候，苏轼刚上学读书，看到同学中有人在传阅北宋文学家石介写的《庆历圣德颂》，其中提到了宋朝贤臣韩琦（qí）、富弼（bì）、杜衍（yǎn）、范仲淹等人。苏轼将这首诗抄写在自己的本子上，拿着本子去找老师，指着诗中提到的人名，恳请老师一一讲述他们的故事。

老师是个很有学问的人，他把诗中提到的那几个人的事迹全部讲给苏轼听，还增加了不少个人的看法，苏轼听得入了迷。老师看他听得那么认真，于是在讲解结束后问苏轼："你为什么对这些贤人这么感兴趣？"

苏轼回答说："古人云，见贤思齐。我知道了这些贤人所做的事后，就可以向他们学习了呀！"老师听了，露出赞许的目光。

苏轼像（元·赵孟頫）

此后，苏轼处处向东汉的范滂和当代的韩

琦、范仲淹等人学习，力求做一个正直节义的人。他在写文章诗词时也是如此，尽可能地宣扬古圣先贤之道，树正气，斥奸佞（nìng），所以他的文章诗词都写得豪放而有气势。

21岁时，苏轼进京应试，他清新洒脱的文风，引起了主考官欧阳修的关注，在几次交谈后，他预见苏轼的将来："此人可谓善读书，善用书，他日文章必独步天下。"

果然，苏轼最终成为一代文豪，是宋代文学最高成就的代表。

聆听家训

盖吾人之道德品谊①，当向胜于我者思②之，则希③圣齐贤，而奋励之心自起。

——[清] 刘德新《馀庆堂十二戒》

①品谊：品行。
②思：思考，想。
③希：希望，希求。

译文

人在道德品行上，应当向比自己更强的人学习，这样才能激发他们以品德高尚、才智超凡的人为榜样，而不断奋发向上、努力赶超的决心。

小叮咛

小朋友，苏轼的成功，自然与他少年立志有很大的关系。而且，他还为自己找了当时的大圣贤做榜样，激发了自己不断学习的动力。小朋友，我们也要向苏轼学习，寻找自己"道德品行"上的榜样哦！

20. 道德者为上

化仇为亲

袁了凡的母亲姓李，是一位人格高尚的女性。她不仅对丈夫的其他孩子视如己出，而且以身作则，给他们做好勤俭持家、体恤贫穷、宽以待人的榜样。

由于李氏的宽厚，在浙江嘉善魏塘镇东亭桥比邻而居的袁沈两家，不仅化解了世仇，还结为了姻亲。

袁沈两家虽一墙之隔，却本是世仇。李氏嫁到袁家的时候，家中庭院里有一株桃树，树枝伸过了墙头，攀到沈家院子里去了。沈家就锯断了伸过墙去的桃枝。袁家的孩子看见了，跑去告诉母亲李氏，母亲说："这样做是对的。我们家的桃树怎么可以越过墙到别人家呢？"

沈家有一株枣树，树枝也伸到袁家来了，刚结枣子的时候，李氏唤来袁家的几个孩子，告诫他们："隔壁家的枣子，千万不能私自采摘。"并且告诉家里的仆人一定要看管、守护好树上的枣子。等到树上的枣子成熟的时候，她邀请隔壁沈家的闺女来家里的庭院，当着她的面采摘枣子，装在盒子里叫她带回去。

沈家主人病了，袁了凡的父亲袁仁去为他看病，还赠药给他。

· 48 ·

李氏又派人去告诉邻居们：沈家人生病了，我们一起救济他吧，这是邻里之间的道义。沈家生活困难，我们每家出银五分来帮助吧。就这样募集了一两三钱五分，袁家还单独接济了一石米。

就这样，沈家感动于李氏的恩义，放下了这份世仇。后来两家成了姻亲，相互往来。

袁了凡正是在这样的家学传统中成长起来的，后来成为明代重要的思想家。

聆听家训

士之品①有三：志于道德者为上，志于功名者次之，志于富贵者为下。

①品：等级，层次。
②帏：音 wéi。

——[明]袁衷 等《庭帏②杂录》

译文

读书人的品格，分为三个层次：立志要提升道德的，是上品；立志要做官求功名的，排在其次；如果立志只是追求钱财、地位的，这个就是下品了。

小叮咛

道德是一个人成长的能量，德行就好像大地的营养，滋养着每一棵成长的小树苗。小朋友，请你反思一下：你能不能和别人处好关系，融洽相处？能不能做到时时刻刻为别人着想？

21.修身在个人

不要"赏赐"

朱自清是中国现代散文家、诗人、学者、民主战士。他的名篇《背影》《荷塘月色》等，是我国现代散文早期代表作。让我们一起走进他的故事吧。

1945年，抗日战争结束后，美国政府一方面支持蒋介石发动内战，一方面又利用签订条约的办法在中国攫（jué）取了许多特权，得到了很多好处。他们还暗地里帮助日本，对中国重新构成威胁。

当时物价飞涨，物品紧缺，很多人在饥饿和死亡线上挣扎。广大民众对美国和国民党政府十分不满，纷纷起来反抗。美国看到反抗的呼声越来越高，便假惺惺地去支持国民党政府，运来一些面粉，说要"救济"中国人，好让中国人"感谢"美国，相信国民党政府。

朱自清早就看透了美国的用心，认为美国的救济是对中国人的侮辱。他和一些学者一起，在一份宣言上庄重地签上了自己的名字，表示坚决拒绝美国的"援助"，不领美国的"救济粮"。

当时，朱自清得了严重的胃病，身体瘦弱，经常呕吐，甚至整夜不能入睡。拒领"救济粮"意味着每月生活费要增加很多，生活

会变得更加困难。可是为了维护中国人的尊严，他坚决拒绝那些别有用心的"赏赐"。他在日记中写道："坚信我的签名之举是正确的。因为反对美国武装日本的政策，要采取直接的行动，就不应逃避自己的责任。"

1948年，朱自清因贫病交加，不幸去世，享年50岁。

柳荫高士图（宋·王诜）

位①之得不得，在天；德之修不修，在我。毋弃其在我者，毋强②其在天者。

——[明]袁衷 等《庭帏杂录》

①位：地位，职位。
②强（qiǎng）：强迫。

译文

一个人能不能得到地位，有时候要看老天的安排、外在的条件。一个人德行好不好，要看个人内在的修养。不要放弃提升个人修养，而硬要去改变社会现实。

小叮咛

小朋友，我们中国自古就流传着"不吃嗟（jiē）来之食"的故事，展现的便是炎黄子孙的铮（zhēng）铮铁骨。朱自清宁肯饿死，也不肯领美国的"救济粮"，他是一个有骨气的人。

22.吃亏是福

三个鞋匠与四颗钉子

在一个小镇上，一位年迈的鞋匠决定把补鞋这门手艺传给三个年轻人。在老鞋匠的悉心教导下，三个年轻人进步很快。当他们学艺渐精，准备去闯荡时，老鞋匠只嘱咐了他们一句话："千万记住，补鞋底只能用四颗钉子。"三个年轻人似懂非懂地点了点头，踏上了旅途。

三个人来到了同一个大城市安家落户。过了些日子后，第一个鞋匠就对老鞋匠那句话产生了怀疑。因为他每次用四颗钉子总不能使鞋底完全修复，可师命不敢违，于是他整天冥思苦想，但始终没有想到解决办法。后来，他只好扛着锄头回家种田去了。

第二个鞋匠也为四颗钉子苦恼过，可他发现用四颗钉子补好鞋底后，修鞋的人总要来第二次才能修好，总要付出双倍的钱。第二个鞋匠为此暗暗得意，他自认为懂得了老鞋匠那句话的真谛。

第三个鞋匠同样也发现了这个秘密，在苦恼过后他发现，其实只要多钉一颗钉子就能一次把鞋补好，但这样一来自己就要多掏一角钱的成本，这到底划算吗？第三个鞋匠想了一夜，终于决定加上那一颗钉子，他认为这样能节省顾客的时间和金钱，更重要的是他自己也会安心。

又过了数月，人们渐渐发现了两个鞋匠的不同。第二个鞋匠的铺面越来越冷清，而找第三个鞋匠补鞋的人却越来越多。最终，第二个鞋匠铺也关门了。

聆听家训

作好人，眼前觉得不便宜，总算来是大便宜；作不好人，眼前觉得便宜，总算来是大不便宜。千古以来，成败昭然①，如何迷人②尚③不觉悟？

——[明]高攀龙《高子家训》

①昭（zhāo）然：明明白白，显而易见。
②迷人：俗人，糊涂人。
③尚：还。

译文

做一个好人，眼前虽然觉得占不了便宜，但总的算来是占了大便宜；做不好的人，虽然眼前觉得占了便宜，但总的算来却是大不便宜。千古以来，成败之迹是如此明显，为什么那些受迷惑的人还不觉醒悔悟啊？

小叮咛

小朋友，中国自古就有"积善余庆"的信念，播下善的种子，终将结成美德善行。做好人要不怕吃亏，遇事要懂得退让，不必急功近利、斤斤计较。

23. 人心止此方寸地

苏武牧羊

汉武帝时期，汉朝和匈奴经常打仗，关系相当紧张，双方派遣的使者也常被对方扣留。公元前100年，匈奴单（chán）于即位，表示愿意同汉朝交好，并主动送回之前扣押的汉朝使者。汉武帝为了答谢匈奴，派遣苏武以中郎将的身份，持节护送扣留在汉的匈奴使者回国。

苏武到达匈奴，不巧正好遇上匈奴政变。新首领不遵守之前的约定，主张进攻汉朝。苏武刚到匈奴，就被发配到边境去牧羊。

匈奴首领知道汉朝使团的首领苏武并非等闲之辈，派说客劝其归降匈奴，为自己效力。为了劝降苏武，匈奴软硬兼施，用糖衣炮弹和高官厚禄诱降，但都不能奏效。

苏武对匈奴的说客讲："我是汉朝派来和你们结交的使者，不是和你们战斗的对手，怎么能谈降服之事呢？我大汉贵为天

苏武牧羊图（清·马骀）

国，怎么能是你们这些蛮夷小国痴心妄想的侵略对象？"

匈奴人见苏武意志坚定，立场鲜明，根本无法劝降他，就决定用艰苦的生活条件和恶劣的生存环境逼迫苏武屈服。他们把苏武关在阴冷黑暗的地窖里，不给苏武饮食，希望这种"又冷又饿，日子难过"的折磨能使苏武尽快投降。但苏武就靠吃雪和坐垫上的毡（zhān）毛撑了下来，竟好几天没被饿死。

见各种折磨对苏武都不起作用，匈奴人就把苏武送到北海（今贝加尔湖）去放羊。苍茫寒冷的草原上，陪伴苏武的，只有一群羊和那根代表汉朝的使节。北海严冬极为寒冷，外面下着鹅毛大雪，苏武只能从老鼠洞里掏些干果和草籽做食物。

在那荒无人烟的地方，苏武一直默默忍受着痛苦的煎熬和折磨。这样的生活一直持续了 19 年，其间尽管遭受病痛的折磨和死亡的威胁，苏武的意志也从未动摇过。

聆听家训

语云："身贵于①物。"汲汲②为利，汲汲为名，俱非尊生③之术。人心止此④方寸地，要当光明洞达，直走向上一路。若有龌龊⑤卑鄙襟怀，则一生德器⑥坏矣。

——[明]吴麟征《家诫要言》

①贵于：比……贵重。
②汲（jí）汲：急急地追求。
③尊生：保重生命。
④止此：只有这个。
⑤龌龊（wò chuò）：肮脏。
⑥德器：道德修养与才识器量。

译文

有言道："身体比外物尊贵。"急切地追求利益，急切地追求名声，都不是保重生命的方法。人的心只占有这么一小块方寸之地，应该光明正大，洞见通达，直走向上进取的一路。假如有了肮脏卑鄙的心思，那么一生的道德修养与才识器量就败坏了。

小叮咛

"人无德不立"，意思是说做人先要立德。首先，做人要光明磊落。人活一世，一定要堂堂正正做人，认认真真做事，做任何事都要光明正大，无愧于心。每天要反省自己，不断完善自己。其次，不为外物所惑。面对利益诱惑，不与别人相争。通过自己的劳动获得的财富，才能让内心安宁。只有这样，才能坦然面对人生。

24. 书中求志

故事会

板桥吟诗送窃贼

清代书画家郑板桥年轻时家里很穷。因为无名无势，尽管字画很好，也卖不出好价钱。

后来，郑板桥曾担任山东范县、潍县县令，他勤于吏治，政绩卓著。但因为得罪了豪绅，最终辞官回家。都说"三年知县，白银十万"，可郑板桥却只带回跟随自己多年的一条黄狗和最喜欢的一盆兰花，真是"一肩明月，两袖清风"啊。

一天晚上，北风呼呼地刮个不停，严寒难耐，窗外细雨浐浐洒洒。郑板桥躺在床上，翻来覆去睡不着。

忽然屋内传来一声轻微的声响，接着窗纸上隐隐约约映出一个鬼鬼祟祟的人影。郑板桥想：一定是小偷光临了。

他略一思考，翻身朝里，低声吟道："细雨蒙蒙夜沉沉，梁上君子进我门。"这时，小偷已走近床边，听到声音吓了一跳，又听到郑板桥说："腹内诗书存千卷，床头金银无半文。"小偷心想：好歹是个当官的，怎么是个穷光蛋？不偷也罢。于是转身出门，又听到里面说："出门休惊黄尾犬。"小偷想：既然有恶犬，我还是翻墙出去吧。正准备爬上墙，又听到里面说："越墙莫损兰花盆。"

小偷越听越害怕，心想：自己的一举一动都在主人的眼皮子底下，还是赶紧走吧。便慌忙越墙逃走，手忙脚乱的，不小心把几块墙砖碰落到地上，郑板桥家的黄狗狂叫着追出去，抓住小偷就咬。郑板桥披衣出门，喝住黄狗，还把跌倒的小偷扶起来，一直送到大路上，作了个揖（yī），又吟诵了两句诗："夜深费我披衣送，收拾雄心重作人。"小偷惭愧不已。

竹石图（清·郑燮）

聆听家训

　　读书求志之人，须知志即在读书中寻之，不失为门庭萧瑟①之风流②也。

——[清]傅山《霜红龛家训》

①萧瑟（sè）：指环境冷清、凄凉。
②风流：有功绩而又有文采的，英俊杰出的。

译文

　　为了实现自己的志向而读书的人，应当知道志向是在读书中寻找和实现的。这也可以算得上是贫寒家门中的青年才俊。

小叮咛

　　小朋友，贫穷并不能阻碍一个人前行。就像郑板桥那样，虽然家境贫寒，但却是个大学问家。可有些人却因为贫穷沦为小偷，这都是因为他们的志向不同啊！

25.立志，事可成

苏轼读书的故事

苏轼小时候非常聪明，他读了许多书，积累了大量知识，学识明显比同辈的小朋友高出一筹。周围人都夸他聪明，苏轼便有点飘飘然了。

有一天，苏轼读完一本书，心生豪迈之情，便写了这样一副对联贴在门上：

识遍天下字

读尽人间书

这副对联写得确实够狂傲的！别说苏轼小小年龄，如何识得尽天下字，读得完天下书？就是一个老翁，穷其一生，也不可能读完天下所有的书籍啊！

这副对联一贴出去，过往的路人看了，有的啧啧称赞，也有人不以为然。

不久，有一位白发老人找上门来。他拿着一本书，对苏轼说："你说你读遍了天下的书籍，想必什么书都能看懂，现在请你看看这本书。"

苏轼心想，连老翁也前来拜访，说明自己学问已经不浅，很是

赤壁夜游图（清·黄山寿）

得意，就接过了老人手里的书翻看起来。

可是，苏轼看了几页之后，就面露难色，额头冒汗，手足无措了。

原来，这是一本古书，里面的许多文章都是苏轼没有读过的，也有很多字是他不认识的。

苏轼面红耳赤，意识到这肯定是自己写的对联惹的祸。于是抬起头来非常诚恳地对老人说："老人家，谢谢您，是我不知天高地厚，感谢您的指教。"

然后，苏轼揭下了门上的对联，添了几个字，就改成了：

发奋识遍天下字
立志读尽人间书

老人见了，点点头，满意地笑了。

从此以后，苏轼改变了自己的学习态度，勤奋读书，广闻博览，最后成了中国历史上著名的大文豪。

聆听家训

志不立，天下无可成之事。虽百工技艺，未有不本于志者。志不立，如无舵①之舟，无衔②之马，漂荡奔逸，何所底③乎？
——[清]陈宏谋《训俗遗规》

①舵（duò）：船、飞机等控制方向的装置。
②衔：马嚼子，指连着缰绳套在马嘴上的金属，用以控制马的活动。
③底：到底，最后。

志向不能立定，天下便没有可以做成功的事情。即使像各种工匠的技艺，也没有不是靠志向学成的。志向不确立，就像没有舵的船，随水漂流；就像没有嚼子的马，任意奔驰，到底要到哪里才算是目的地呢？

人能走多远？这话不要问双脚，而是要问志向。没有志向，就没有前进的方向，也没有前进的动力，人就只能原地踏步。所以说，没有志向，人就走不了多远，成不了大事。小朋友，古人把志向比作舟之舵、马之衔，你也可以想一想，志向还能比作什么呢？

26. 学问在心中

董仲舒读书

董仲舒像

　　公元前 179 年，董仲舒出生在一个富裕的农户家里。出生那天，父亲董太公正巧从城里买回一车书简，看到呱（gū）呱坠地的儿子，马上来了灵感："俺家虽有良田万亩，家财万贯，但祖辈以来从没有过官运，今天老天爷把儿子和书简一块送到俺家，看来'读书做官'这条路在俺儿子这一辈能走得通！"于是，董太公作出一个坚定的抉择：豁出万贯家财，供儿子读书做官，光宗耀祖！

　　董仲舒天资聪颖，不爱玩耍，只喜欢读书写字，加上先生的精心教导，他 3 岁就能背诵诗文，5 岁就懂得了各种礼法和规矩。7 岁时，董仲舒每天走二十里路去上学，从不缺课。在父亲的帮助下，董仲舒拜公羊寿为师，研读《春秋公羊传》，真正拜在了儒学门下。

　　此后的董仲舒每天"拼命"读书。他对学习和钻研到了如痴如狂的地步，常常废寝（qǐn）忘食，身体逐渐消瘦。父亲看在眼里，急在心里。如何分散一下儿子的精力,使他能够劳逸结合地学习呢?父亲冥思苦想,终于有了一个办法。他请来了能工巧匠,精心设计施工,把屋后的空地建成一个大花园,好让董仲舒学习之余可以来园中散步、游玩,天气好的时候也可以在园中摆出桌椅学习。

春天来了,花园里的各种花竞相开放,莺歌燕舞,春光融融。姐姐多次邀请董仲舒到园中玩,他却摇摇头,手捧竹简,静静坐在窗前,心无旁骛地读着书,对花园里的美景看也不看一眼。夏天来了,花园里荷花满池,知了声声,邻居、亲戚的孩子纷纷来董家的花园玩。小伙伴们叫他,他头也顾不上抬一抬。秋天来了,花园里果实累累,不时传来欢声笑语。中秋节晚上,家人都在花园里赏月,可就是不见董仲舒身影,原来他偷偷找先生研讨诗文去了。冬天来了,小伙伴们在花园里打雪仗、堆雪人,嬉闹声传到董仲舒书房,他却一点儿也不动心。

就这样,董仲舒几乎没有游览过自家花园,心中只有“经传”二字。渐渐地,他在齐鲁、广川、赵国一带成了知名人物。

机遇总是留给有准备的人。公元前134年,汉武帝在全国招贤纳士,董仲舒名列第一,被派到诸侯国去当国相。

后来,他提出了天人感应、三纲五常等重要儒家理论,成为西汉著名的思想家、政治家和教育家。

凡人①读书，原拿不定发达②。然即不发达，要不可以不读书，主意便拿定也。科名不来，学问在我，原不是折本③的买卖。

——[清]郑燮《郑板桥家书》

①凡人：普通人。
②发达：发迹，显达。这里指参加科举考试获取功名。
③折（shé）本：吃亏，损失。

译文

普通人读书是为了参加科举，获取功名，但也不一定都能获得功名。然而，即便没有获取功名，也还是要读书的，如果这样想，心也就安定了。不管能不能考中功名，学问总是自己的，所以多读书是不会吃亏的。

小叮咛

小朋友，你读书是为了什么呢？看看董仲舒吧，他读书，不光是为了做官。他觉得读书使他快乐，让他变得充满智慧。正因如此，当机遇来临的时候，他才能脱颖而出，成为国相。正如郑板桥在家训里说的：学问是自己的，多读书不会吃亏。让我们在书中寻找智慧，在书中寻找快乐吧！

27. 度德量力行万事

纸上谈兵

战国时期，赵国有个大将叫赵奢，他带领的军队以少胜多，大败秦军，被赵惠文王提拔为上卿（qīng）。赵奢有个儿子叫赵括，从小熟读兵书，喜欢谈论军事，别人都辩不过他。因此他很骄傲，自以为在用兵打仗方面天下无敌，不把任何人放在眼里。

然而赵奢却很替自己的儿子担忧，认为他缺乏实战经验，不过是纸上谈兵，经常教育他说："战争是关乎生死的大事，可你说起来却如此轻松，将来赵国如果让你当将军，一定会遭受失败。"

公元前259年，赵奢已经去世，秦军又来侵犯赵国。当时，赵国名将廉颇指挥全军，他年事虽高，却老当益壮，秦军与之对阵久不能胜。于是秦国想到了反间计，他们派人到赵国散布谣言，说："秦国最害怕的人就是年轻有为的赵括。廉颇已经老了，不中用啦，眼看就要投降啦！"

没过几天，赵王也听到左右的人如此议论。他叫人把赵括找来，问他："你能打败秦军，为国争光吗？"赵括大言不惭，说道："秦军除了大将白起比较难对付，其他人都不值一提。现在秦军是王龁（hé）领兵，打败他简直是轻而易举的事！"赵王听了很高兴，

就派赵括接替廉颇领兵。

赵括被任命为总指挥后，他的母亲立刻上书给赵王："赵括不是大将之才。他父亲领兵时，将所得赏赐全部分给部下；接受军令的当天，就住进军营，跟士兵们同甘共苦；遇到问题，必定征求大家意见，从不敢自以为是。可是赵括刚被任命为总指挥就威风凛凛，军营之中，没有人敢对他提意见；赏赐的财物，他全部运回家。他父亲生前曾一再嘱咐，无论如何，不可让赵括做大将。"可赵王还是不肯改变任命，赵母请求道："如果一定要用他，万一打了败仗，请求赦（shè）免我们全家。"赵王答应了。

赵括自认为很会打仗，他死搬兵书上的条文，到长平后完全改变了廉颇的作战方案：他更换将吏，改变固守防御战略，制定进攻方案。与此同时，秦军悄悄改派白起为主将，以王龁为副将。没多久，赵军就被秦军围困，40多万将士全部被秦军歼灭，赵括自己也中箭身亡。从此，赵国实力大大削减。

聆听家训

人固不可自暴弃，悠忽①颓惰②不立志。然亦须度③德量力、才分势分如何？若知小谋大、力小任重，犹使蚊蛇④负山、商蚷⑤驰河，必不胜矣。

——[清]方东树《大意尊闻》

①悠忽：闲散放荡。

②颓（tuí）惰：颓废懒惰。

③度（duó）：估量。

④蚊（wén）蛇：蚊虫。蚊，同"蚊"。

⑤商蚷（jù）：一种昆虫，又称马陆。

人固然不能自暴自弃、闲散放荡、懒惰颓丧，没有生活的目标和打算。然而，也需要衡量自己的德行是否能够服人，估计自己的能力是否能够胜任，看清自己的才能和地位。如果担当与自己的才能、力量不相匹配的职务，就好像让小小的蚊虫背动大山，让马陆渡过大河，必定不能完成重任。

小叮咛

有句俗话说得好："光说不练假把式。"赵括只能嘴上说说，却没有能力领兵打仗，最终害人害己，多么令人痛心啊！一个人要有目标，但也要有达成目标的能力。小朋友，请你努力提升自己的才能吧，这样我们才能站得更高，看得更远，才能有大作为。

28. 志气长存

故事会

张飞鞭打曹豹失徐州

刘备接了徐州牧陶潜的地盘后，刘备三兄弟很高兴，奋斗多年终于有了自己的地盘。他们想消停消停，好好地经营发展壮大。

但曹操借朝廷之手，要求刘备攻打袁术。刘备怎么敢违抗圣旨，他虽然知道这是曹操的阴谋，但也不得不从。可是出去打仗，大本营要有人留守啊。刘备临行前为由谁留守徐州拿不定主意。

关羽说："我愿守城！"刘备摇摇头："我经常要与你商量军情，怎么离得开你？"张飞也请求留守徐州。刘备当即回绝，说："你一是爱喝酒，喝醉了就鞭打士兵；二是办事草率，欠缺考虑；再者，你总是一意孤行，不听人劝。让你留守，我实在是放心不下啊。"

张飞再三请求："哥哥啊，从今以后，我一不再喝酒打人，二不再草率行事，三多听别人劝告。我保证做到这三条！"并说，"我跟随哥哥多年，从没说过瞎话，你就相信我吧！"刘备只好答应了他，并派陈登协助。临出发前，刘备把守城的事一一布置打点妥当，并再三嘱咐张飞不得喝酒，不得鞭打士兵。张飞满口答应。

刘备走后，张飞把杂事交给陈登处理，大事自己拿主意。练兵、

吕布趁夜袭徐

防守做得井井有条。一天，张飞想慰劳慰劳将领们，也好提高士气，就请留守的大小官员们赴宴。宴席上，张飞举杯说："我大哥临走时不让我喝酒，怕酒后误事，我一定会严守规矩。今天，我请你们来，咱们就痛痛快快地一醉方休。明天起，全都戒酒，你们都帮我守好城池。"说罢便轮番敬酒。

喝酒就喝酒，逼迫别人喝酒就不应该了。当时有个叫曹豹的，是吕布岳父。当张飞两次到曹豹面前劝酒时，都遭到曹豹的拒绝："我实在不会喝酒啊，请将军饶了我吧！"张飞就生气了，觉得曹豹不给他面子。此时张飞已醉，不仅逼曹豹喝酒，还叫军士们鞭打他，后来一听说他还是吕布的亲戚，就打得更厉害了，早把刘备的嘱咐抛到九霄云外了。

曹豹在大庭广众之下受了辱，对张飞怀恨在心，他暗地里派人送信给吕布，让他今夜趁张飞大醉偷袭徐州，千万不要错失良机。

吕布当时正好缺地盘，张飞鞭打自己岳丈正好给了他充分的借口。他当夜领五百轻骑来到徐州城。张飞睡到半夜，听到呐喊声震天响，看到城内城外一片火光，才发现城丢了。他也顾不得刘备的家眷，边战边逃，哭着去找刘备赔罪了。刘备虽然心中痛恨，可是木已成舟，也没有办法了。

人无百年不衰之筋骸①，而有百年不衰之志气。血气②用事，嗜欲③梏亡④，则筋力易衰；志气清明，义理充裕，则精神自固。

——[清]胡达源《弟子箴言》

①筋骸（hái）：筋骨。

②血气：血性。此处指因一时冲动所生的勇气。

③嗜（shì）欲：多指贪图身体感官方面享受的欲望。

④梏（gù）亡：因受束缚而致丧失。

译文

一个人没有百年都不衰老的筋骨，却有百年不衰退的志气。用一时冲动的意气来做事，贪图享受的欲望容易导致丧失自身的体力。如若一个人内心清静，意念明慧，做人做事合乎道理，则可以收摄精神，凝神聚力。

小叮咛

小朋友，人一旦被欲望所控就容易忘乎所以，争胜好强，丧失理智，做事鲁莽，不计后果，所谓"冲动是魔鬼"。不管外界如何变化，一个人若能心气宁静，凝聚精神，才能做好事，做对事。

29. 自修养心

司马光剥核桃

宋朝时，有个著名的历史学家叫司马光。

司马光6岁的时候，有一天跟姐姐在父亲的书房里玩。玩着玩着，他从口袋里掏出几个核桃来，砸开了硬壳，就吃里面的核桃仁。可是刚嚼（jiáo）了几下，就觉得核桃仁又苦又涩（sè），于是吐了出来。

宴客从俭（清·梁延年）

姐姐对他说："你瞧，核桃仁外面有一层薄皮，把这层薄皮剥掉，就不苦了。"司马光点了点头，就照姐姐说的去剥皮，谁知怎么也剥不下来。姐姐帮了一阵忙，也没剥下来，就走开了。

这时候，正好有个使唤丫头来倒茶水，只见她把核桃仁放在茶杯里，倒上开水泡一会儿再拿出来剥。果然，很容易就把核桃仁的皮剥掉了。

过了一会儿，司马光的姐姐又回到书房里来。她瞧见桌上放着白白的核桃仁，就问司马光："这是谁剥的？"司马光得意地说："我剥的！"

这句话骗过了姐姐，可骗不过坐在窗口看书的父亲。父亲见司马光撒谎，生气地走到他身边，严厉地对他说："这明明是那个添茶的丫头帮你剥的，为什么要说谎？你这么小就不老实，以后还有人相信你吗？"

司马光挨了批评，知道撒谎是坏事，就下决心改过。

打那以后，他从不说谎。有一次家里缺钱用，他叫人把一匹生病的马拉去卖掉。他嘱咐卖马的人说："这是一匹病马，一到夏天就要犯病。要是有人买马，你要老老实实告诉人家。"

你看，司马光对待自己的错误，改得多么彻底啊！

聆听家训

自修之道，莫难于养心①。心既②知有善，知有恶，而不能实用其力，以为善去恶，则谓之自欺。方寸③之自欺与否，盖他人所不及知，而己独知之。

——[清]曾国藩《曾文正公家训》

①养心：涵养心志。

②既：已经。

③方寸：指人的内心；心绪。

自我修养的道理，没有比养心更难的了。心里已经知道有善恶，却不能尽自己的力量，以行善除恶，这其实是自己欺骗自己。内心是不是自欺，别人无从知道，但是自己应该是心知肚明的。

小叮咛

人最大的快乐来源于心。心要诚，想笑就笑，想哭就哭，以诚待人，以信做事；心要安，饿时吃饭，困时睡觉，无忧无虑，无牵无挂；心要正，"上无愧于天，下无疚于地"，正大光明，开诚布公；心要静，不计得失，不思胜负，笑看风云。小朋友，请你说一说，自修养心还应该要怎么做呢？

30.腹有诗书气自华

梅兰芳拜师齐白石

梅兰芳是中国京剧表演艺术大师，在绘画领域也颇有成就。他曾深有体会地说："从事戏曲表演工作的人经常绘画，可以提高自己的艺术修养，变换气质，从画中吸取养料，以运用到戏曲中去。"

他认真地学习绘画，曾拜名画家王梦白、吴昌硕、齐白石、刘海粟、丰子恺等为师，对他们敬重有加。

有一次，梅兰芳向好友齐如山透露想向齐白石先生学画的心愿。齐如山兴奋地说："啊，这事不难，齐白石老人是我的族亲，我们一直有联系。我帮你去说说。"

不出几天，齐如山果然请来了齐白石。梅兰芳邀请齐白石来到书房，寒暄之后，梅兰芳诚恳地说："托如山介绍，决心拜

齐白石画作

先生为师，恭请您教我学画。"

齐白石风趣地说："我看咱俩相互交流，我教你画，你教我戏，你看怎样？"

梅兰芳恭敬地拉着齐白石的手走到书案前，给他看自己以前作的画。齐白石对那些工笔佛像和花卉连连称赞。

梅兰芳说："学生我愚笨，学了好久学不像，希望老师您多多指点，我要学您下笔的功夫。"说着，往画桌边的大砚池里舀上些水，恭敬地对齐白石说："老师，学生为您磨墨啦！"

齐白石也不推辞，拿起笔，就那么一点再加几描，一只小蛐蛐儿就呼之欲出，仿佛要跳起来了。梅兰芳连声惊叹。

齐白石又拿笔勾了勾，把笔朝清水里蘸了蘸，涂抹出了山石翠草，说："这叫草石虫鸣。"

梅兰芳惊讶地叫起来："老师，您的笔真是神奇啊！"

齐白石幽默地说："这回轮着你唱啦！"

梅兰芳无法推却，唱了段《审头刺汤》。可能是近距离聆听的缘故，齐白石只觉其嗓音更为激昂清亮，有绕梁三日之余韵。

从此以后，这对"师徒"经常相互来往。齐白石耐心教梅兰芳绘画笔法，使梅兰芳受益匪浅，画技日益提高。

　　子孙虽愚，诗书不可不读。盖①读书能变化气质②，格③其非④心，一举一动无鄙俗⑤气，令人望而知为读书人。

　　　　　　——[清]林穗《善馀堂家训》

①盖：连接上文讲述理由或原因。
②气质：风格，气度。
③格：阻碍，限制。
④非：错误的。
⑤鄙俗：粗俗，庸俗。

译文

　　子孙后代即使不聪明，也不能不读书。因为读书能改变一个人的风格和气度，限制他不好的思想和想法，使其言行举止没有丝毫粗俗的风气，让人一看就知道是个有学问、有修养的人。

小叮咛

　　"腹有诗书气自华"，其实，不仅读书能改变人的气质，多一些艺术爱好也能让人优雅起来。梅兰芳能成为一代艺术大师，正是他那种好学的精神、不懈的追求成就了他。小朋友，我们也应该多读书，因为读书能使我们更智慧地看待世界，拥有更加美好的人生。

做人先立志：做人如行路，然举步一错，便归正不易。必先有定志，始有定力。

31. 立身之道

=故事会=

三令五申

孙子像

春秋时，有个著名的军事家叫孙武，他带着自己写的《孙子兵法》去见吴王。

吴王翻看了他的兵法，认为孙武挺有才华，但为了试试他的兵法和才能，就对他说："你的 13 篇兵法我都看过了，你可以拿我的军队试着操练一番吗？""可以。"孙武答道。吴王再问："用妇女可以吗？""可以。"于是吴王从宫中选出 180 名宫女，让孙武训练。

孙武将宫女们分为两队，让吴王最宠爱的两个宫女当队长。孙武向宫女们交代了训练的口令："我说前，你们就看前面，说左就看左面，说右就看右面，说后就看后面。"宫女们纷纷表示听明白了。孙武又命令人准备了处罚的刑具斧头，又再三重申了刚才的命令，这才开始训练。

孙武击鼓发出号令："右！"宫女们你看看我，我看看你，觉得很好玩，纷纷哈哈大笑，根本就不服从他的命令。孙武说："是我解释得不够明白，命令才得不到执行，是我的责任。"于是，他又把前面的命令详细说了一遍。

孙武再次击鼓，发令向左。宫女们还是笑着不动。这次，孙武不再自责，他说："解释、交代得不清楚是将官的责任，交代清楚而不服从命令就是队长和士兵的过错了。"说完，孙武命令左右随从把两个队长推出去砍头。

吴王一听要砍他最宠爱的宫女，连忙向孙武求情："等等，她们是我宠爱的宫女，将军用兵的才能，我很清楚，请不要杀她们。"孙武斩钉截铁地回答道："我既然受命为将军，将在军中，君王的命令可以不听从！"他坚决将这两名队长砍了头，而后任命另外两位宫女做新的队长。

宫女们害怕极了，当孙武再次发令时，所有的宫女都整齐认真地操练，谁都不敢把他的口令当作儿戏了。吴王也不得不佩服孙武的才能。

聆听家训

立身之道①，先须政②己，方始政人。己若不政，令③而不从④。令既不从，从何为政？是以形端影正，身曲影斜。

——[唐] 杜正伦《百行章》

①道：方法，办法。
②政：治理，管理。
③令：号令，命令。
④从：遵从，听从。

为人处世，首先应当管理好自己，才能够去管理别人。如果自身品行都不端正，那么，你下的命令也不会有人听从。如果你下的命令别人不服从，那又怎么去管理别人，治理一方呢？所以说只有身形摆正了影子才端正，身形不正，影子就会倾斜。

小叮咛

小朋友，为人处世首先要管理好自己，只有自身端正了，别人才会敬服你。如果你想做一个管理者，那么从现在开始就严格要求自己吧！

32.立身惟务清贞

一代才女杨绛

杨绛（jiàng）（1911—2016），本名杨季康，江苏无锡人，是我国著名的作家、戏剧家、翻译家。杨绛通晓英语、法语、西班牙语，由她翻译的《唐·吉诃德》被公认为最优秀的翻译佳作之一。

杨绛在出嫁之前，是个十指不沾阳春水的名门小姐。嫁给钱锺书后，开始学着洗手作汤羹，在家什么粗活都干。而钱锺书却不善料理生活，时而"闯祸"，对此杨绛都回以一句"不要紧"。正因为她的处处不要紧，钱锺书才得以安心做学问。

其实杨绛的才气并不逊于钱锺书，她的小说《洗澡》，笔力不在《围城》之下，就这样一双握笔的手拿起了锅铲，却照样拿得稳稳当当，心平气和。

他们婚后的一段时间，生活本来就已经很俭省了，她觉得还可以再节俭些，这样钱锺书就不用那么辛苦工作，可以专心写小说。钱锺书的小说写好后，她是第一个读者，他每天写 500 字，她就迫不及待地拿过来读 500 字，看着她读得大笑，他也笑了起来。

杨绛和钱锺书把精神生活看得高过一切。两人在一起做得最多

的事，就是对坐读书，还常常一同背诗。

钱锺书去世后，杨绛全身心投入到他的文集整理工作中，并且写出了《我们仨》《洗澡之后》等作品。都说人生如梦，杨绛却说："我这一生并不空虚，我活得很充实，也很有意思。"

难怪有人这样评价她："她坚忍于知识分子的良知与操守，她坚贞于伟大女性的关怀与慈爱，她固守于中国传统文化的淡泊与坚韧，杨绛的内心是坚硬的，又是柔软的。"

聆听家训

凡为女子，先学立身①，立身之法，惟务②清贞③。

——[唐]宋若昭《女论语》

①立身：修身。
②惟务：只有追求。
③清贞：端正安静谓之清，纯一守正谓之贞。

译文

凡是做女子的，先要学习做女子的为人之道。为人处世，只有追求心底端正，举止端庄，单纯守一，才能做到善始善终。

小叮咛

古人说"修身齐家治国平天下"，又说"女子是齐家之本，清国之源"。女子的德行关系到家庭荣辱，关系到社会安危和国家兴衰。所以，女子更应注重自身修养，立志修己达德，为社会作贡献。

33. 每日必思善其身

故事会

《程子言箴》碑的故事

在眉县城关中学新教学楼后的花园边，有一座碑台，碑台上安置着一通汉白玉的石碑。

这通汉白玉石碑宽 1.5 米，高 0.82 米，碑额有"宸翰（chén hàn）"二字，碑面四边阴刻盘龙及云朵图案，碑面刻有程颐《程子四箴（zhēn）》之《言箴》，原文 56 字，注文 304 字。碑上"宸翰"二字，意思是"皇帝御书"。

那么，这到底是一通怎样的碑石呢？

从碑上的文字来看：《言箴》原文为北宋名儒程颐所作。曾当过皇帝老师的程颐，知识渊博，他根据孔子的"非礼勿言、非礼

《程子四箴》（清·钱南园）

勿听、非礼勿视、非礼勿动"而作四箴（箴是古代的一种文体，有劝告、劝诫的意思）。程子四箴为：视箴、听箴、言箴、动箴，从四个方面劝诫人们远视、善听、谨言、慎行。

· 84 ·

到了明嘉靖年间，嘉靖皇帝听经筵（yán）讲官翟銮（zhái luán）等讲"程子四箴"，颇有感触。他继皇帝位第六年时，亲自对宋代程学四箴"言、听、视、动"作注，然后统一格式：前为《程子言箴》原文，紧随其后则为皇帝的注解文字。每箴一碑，共四碑为一套，颁行天下，作为教育方针和目标立石于全国各地学宫（地方官办学校）。

眉县城关中学发现之碑虽不见日期，但可以肯定此碑当为公元1528年左右的遗物。

如今，古碑静静地立在城关中学院内，每天迎着朝阳，伴着师生们的琅琅书声，用将近500年的沧桑之眼看着一拨又一拨的学子们向着知识而来，又看着他们一拨又一拨怀揣着理想离开这里。

聆听家训

心术不可得罪于天地，言行皆当无愧于圣贤。曾子之三省①勿忘，程子之四箴②宜佩。持躬③不可不谨严，临财不可不廉介④。处事不可不决断，存心不可不宽厚。

——[五代十国]钱镠⑤《钱氏家训》

①三省（xǐng）：多次反省。三，泛指多次。
②四箴：宋代大儒程颐的自警之作《四箴》。
③持躬：律己，要求自己。
④廉介：清廉耿介。
⑤镠：音 liú。

存心谋事不能够违背规律和正义，言行举止都应不愧对圣贤教诲。曾子"一日三省"的教诲不要忘记，程子用以自警的"四箴"应当珍存。要求自己不能不谨慎严格，面对财物不能不清廉正直。处理事务不能没有魄力，起心动念不能不宽容厚道。

小叮咛

曾子说过："吾日三省吾身：为人谋而不忠乎？与朋友交而不信乎？传不习乎？"意思就是说，我每天多次反省自己：替别人做事有没有尽心竭力？和朋友交往有没有诚信？老师传授的知识有没有按时温习？小朋友，你每天会自我反思吗？如果没有，就从现在开始行动起来吧，如果发现做得不够好就立即改正吧！

34. 律己养志

故事会

一失足成千古恨

匡（kuāng）衡小时候很爱读书，"凿壁偷光"这个故事的主人公就是他。他长大以后，参加科举考试，刚开始并不顺利，他考了9次才中了丙科，被增补为太原郡的一个文史小官。但匡衡并没有自怨自艾，而是潜心研究《诗经》，多年后终于得到汉元帝的赏识，被封为郎中。匡衡在百姓中推广道德教化，弘扬礼让仁和之风，很快又升迁为光禄大夫、太子少傅等。

随着官位的升高，匡衡开始不满足现有的生活，甚至走上了贪赃枉法之路。他在受封乐安侯的时候，彻底迷失了自己，竟利用职务之便，在丈量分封的土地时为自己多圈了4万亩地。他的属下提醒他这样做是违法的，可他却对此置之不理。

汉元帝在位时，因为欣赏匡衡的才华，没有追究他多圈土地的事情。汉元帝去世后，汉成帝即位，失去了先帝保护的匡衡，最终被撤职查办，贬为平民，他一生辛辛

匡衡（明·陈洪绶）

苦苦换来的名利也随之烟消云散。

被贬为平民之后，匡衡回到了老家，晚年生活十分落魄，连什么时候死去都没人记得。

聆听家训

后生才锐①者，最易坏②。若有之，父兄当以为忧，不可以为喜也。切须常加简束③，令熟读经学，训以宽厚恭谨，勿令与浮薄④者游处。

——[宋]陆游《放翁家训》

①才锐：才思敏捷，聪明。
②坏：学坏。
③简束：约束和管教。
④浮薄：轻浮浅薄。

译文

才思敏捷的孩子，最容易学坏。倘若有这样（才思敏捷）的孩子，做长辈的应当忧虑，切不能把它看作可喜的事。一定要经常加以约束和管教，让他们熟读儒家经典，训导他们做人必须宽容、厚道、恭敬、谨慎，不要让他们与轻浮浅薄之人来往。

小叮咛

小朋友，故事中的匡衡因为一时的贪婪，而犯下令自己终生懊悔的过错。你一定对此事有所感悟吧？平时，我们一定要虚心接受师长对我们的管教。同时，我们也应该严格要求自己，做更好的自己。

35. 尚俭修德

故事会

勤俭节约的周总理

周恩来总理勤俭节约，家喻户晓，一直为后人所称颂。当年在国务院会议厅入口处，有一块镌（juān）刻着"艰苦朴素"四个大字的木屏风，这是周总理身体力行的工作作风的最好写照。他一贯倡导勤俭节约、艰苦奋斗，要求"一切招待必须是国货，必须节约朴素，切忌铺张华丽，有失革命精神和艰苦奋斗的作风"。

中国核科学事业的主要开拓者之一朱光亚先生曾回忆过这样一则故事：1961年12月4日，周恩来召集专门委员会，对当时第二机械工业部的一个规划进行审议。会议从上午开到中午还没结束，周总理留参会者一起吃午饭。来到餐厅，大家看到餐桌上是一大盆白菜豆腐肉丸汤，还有几个小碟，装着咸菜和烧饼。周总理笑呵呵地同大家同桌就餐，吃同样的饭菜。

在周总理身上，这样的例子数不胜数。1962年夏天，周总理到辽宁省视察工作，刚刚住下，他就从口袋里掏出一张纸，交给负责接待的同志，并一脸严肃地对他说："上面写的东西都不能做。"接待的同志一看，原来，这张单子上写着20多种禁吃的菜名，鸡鸭鱼肉之类都包括在内。

不仅如此，在三年困难时期，总理和全国人民同甘共苦，带头不吃稻米饭。一次，炊事员对他说："您这么大年纪了，工作起来没日没夜的，又吃不多，不要吃粗粮了！"

总理说："不，一定要吃，吃着它，就不会忘记过去，就不会忘记人民哪！"

这就是我们敬爱的周恩来总理。

聆听家训

俭者，美德也。人能尚俭，则于修德①之事有所补。

——[元]孔齐《至正直记》

①修德：提升自身的修养、素养，旨在成为一个品德高尚的人。

译文

节俭是一种美德。人如果能崇尚节俭，那么对于端正自己的德行，成为一个品德高尚的人就会有所补充和帮助。

小叮咛

小读者们，勤俭节约向来是中华民族的传统美德。周总理是中华人民共和国的第一任总理，他带头做到勤俭节约，真让人敬佩。而作为炎黄子孙的我们，也应该继承和发扬这项美德，向周总理学习。那么，在平时的生活中，我们也要努力当一个节俭、不浪费的人。

36. 锲而不舍，水自成

王安石寻求生花笔

王安石画像

王安石少年就有大志，在名师杜子野先生的指导下，他勤奋苦读，每至深夜。

一日，王安石翻阅王仁裕的《开元天宝遗事》，得知李白梦见自己所用的笔头上长了一朵美丽的花，从此才思横溢，名闻天下。于是王安石拿着书问杜子野先生："先生，人世间难道真的有生花笔吗？"

杜子野正色答道："当然有啊！事实上，有的笔头会长花，有的笔头不会长，只是我们的肉眼很难分辨而已。"

王安石见杜子野先生说得如此认真，便问："那么先生能给我一支生花笔吗？"

杜子野拿来一大捆毛笔，对王安石说："我这里有 999 支毛笔，其中有一支是生花笔，可究竟是哪一支呢，我也分辨不清楚，还是你自己找找吧。"

王安石躬身俯首，说："学生眼浅，请先生指教。"

杜子野捋了捋胡须，沉思片刻，然后严肃地说："你只有用每支笔去写文章，写秃一支再换一支，如此一直写下去，才能从中找出生花笔。除此之外，就没有其他办法了！"

从此，王安石按照杜子野先生的教导，每日苦读诗书，勤练文章，足足写秃了500支毛笔。可是用这些笔写出来的文章仍然很一般。他有些泄气，于是又去问杜子野先生："先生，我怎么还没有找到那支生花的笔呢？"

杜子野没有说什么，饱蘸墨汁，挥笔写了"锲而不舍"四个大字送给他。

此后，王安石又不停地写呀，写呀……几年后，他把先生送给他的998支毛笔都写秃了，仅剩最后一支。一天深夜，他提起第999支毛笔要写一篇《策论》。突然，他觉得文思潮涌，行笔如云。不多久，文章就写成了。他高兴得直跳了起来，大声喊："找到了，我找到生花笔了！"

从此，王安石用这支"生花笔"写字、作文，接着乡试、会试连连及第。以后又用这支笔写了许多改革时弊、安邦治国的好文章，成为"唐宋八大家"之一。

聆听家训

少年作迟暮经营[1]，异日决无成就。少年人只宜修身笃行[2]，信命读书，勿深以得失为念，所谓得固欣然，败亦可喜。

——[明]吴麟征《家诫要言》

[1]迟暮经营：暮气沉沉的事。
[2]笃（dǔ）行：切实地实行。

年轻人总是做一些暮气沉沉的事，以后就不会有大的作为。年轻人应该修养身心、专心实行，努力增加自己的学识，不要把个人的得失看得很重。正所谓成功固然令人开心，失败也不要放弃。

小叮咛

小朋友，你想拥有一支"生花笔"吗？其实呀，世上本没有生花笔，写得多、练得多，自然得心应手，生花笔也就来到你的手中啦！小朋友，如果你也想从此妙笔生花，就一定要记住多读、多写、多练，在学习的道路上锲而不舍，这样才会有奇迹出现哦！

37.养德修心在自身

陈子昂改过自新

陈子昂（659—700），梓州射洪（今属四川）人，唐代文学家、诗人，他是唐代诗歌革新的先驱，对唐诗发展颇有影响。

陈子昂像

他幼年时随父亲来到京城长安。由于父母过于娇惯，他到十七八岁还不爱读书，每天不是带着朋友出城打猎，就是四处找人斗鸡赌钱。后来，父母看不下去了，一再劝他除掉恶习，潜心攻读，可陈子昂根本听不进去。

有一天，陈子昂路过一处书塾，无意中听到老师讲："一个人享受荣誉或是蒙受耻辱，完全取决于他本人的品德。好人自然享受荣誉，坏人自然蒙受耻辱。一个人放任自流，行为傲慢，身上有邪恶污秽（huì）的东西，就无法受人尊敬。作为一个君子，要博学，还要用学来的道理经常对照检查自己。这样做，你的知识就越来越多，行为上也不至于有过失了。俗话说：'少壮不努力，老大徒伤悲。'看到别人能做一番大事业，你也许会很羡慕，但你哪里知道，人家是下了一番苦功呢！不经过努力想得到学问，就像缘木求鱼一样……"

这番话对陈子昂触动很大，回家后，他回首往事，追悔莫及，流着眼泪向父母认了错。

从此，陈子昂和原来的狐朋狗友断了来往，放掉了养在家里的各种小动物，终日以书为友。不出几年，他的学识便大有长进，不在父亲之下。

他还写下了不少脍炙人口的诗句，《登幽州台歌》便是其中之一：

前不见古人，

后不见来者。

念天地之悠悠，

独怆（chuàng）然而涕下。

聆听家训

任性任直①，愿汝②深戒；养德养身，愿汝勉励。勉励人，非天性之亲，不宜望之太重。

——[明] 王樵《王方麓家书》

①任直：毫无顾忌地放纵个性。

②汝：你。

任意妄为，不听取别人的意见，毫无顾忌地放纵自己，这些行为希望你能深深地引以为戒；修养德性，保养身体，希望你能努力做到。劝你努力，不是父母与生俱来就该做的，不要对他们依赖太大。

小叮咛

小朋友，有德行的人，往往能用自己的行为赢得别人的尊重；而缺乏教养的人，往往任性、放纵，令人厌恶。人无完人，一旦发现自身的缺点，及时改正，一样能获得成功。我们再去搜集几个类似的故事读一读吧！

书读百遍，其义自见

三国时期，魏国有一个人叫董遇。他出生在一个农民家庭，自幼父母双亡，生活十分贫苦。为了能生存下去，他和哥哥每天天不亮就上山砍柴，然后挑到街上去卖，换取微薄的收入。

一天下来，兄弟俩往往累得腰酸背痛，筋疲力尽。累归累，董遇只要一有空闲时间，就坐下来读书学习，并经常因为读书而废寝忘食。

一天，他又在看书，哥哥取笑他："你这个书呆子，饭都吃不饱，还看什么书！书能填饱肚子吗？你要再这样看下去，迟早会饿死的！"

董遇听了，自信地说："当然能！哥哥，你看着吧！"然后继续低头看书。

夏天，屋外哗啦啦下大雨，屋里滴滴答答下小雨，董遇就蜷缩在不漏雨的地方读书。冬天，屋外大雪纷飞，屋内滴水成冰，董遇就时不时搓搓手、哈哈气，继续苦读。

渔樵耕读图轴

时间一天天地过去，董遇通过自己的不断学习增长学识，后来竟然写出了两本书，在当地引起了轰动。

大家都很好奇，纷纷跑到他家里问他："你和我们一样，整天都在干活，什么时候去看的书？难道就靠空下来的一点点时间学习，就能写书吗？""你读书有什么窍门啊？快跟我们说说！"

董遇笑了笑，说："书读百遍，其义自见。"

人们都很佩服他，他的名声也越来越大。有些人甚至不远千里前来求教，请教他是如何利用时间学习的。

董遇告诉他们说："只要想学习，时间是可以挤出来的。我的窍门就是巧妙利用'三余'：冬者，岁之余；夜者，日之余；阴雨者，时之余。"（也就是三种空余时间：冬天是一年的农闲时间，晚上是一天的空闲时间，雨天是平日不能出门干活的空余时间。）

人们听了，恍然大悟。原来董遇就是利用一切可以利用的时间来读书学习，逐步提高自己的水平的。

聆听家训

夫①平日讲诵，书传所载②，立身行己之方，待人接物之道，竟是何语。士③君子读书，正将为之④。

——[明]徐三重《徐氏家则》

①夫：旧时尊称老师。
②载：记录，记载。
③士：旧时指读书人。
④之：代词，指为人处世的方法和道理。

98

译文

老师平时上课讲解的、让你们诵读的，书上记载描绘的，都是端正自己德行的方法和待人接物、为人处世的道理。你们平时读书，就是为了学习这些方法和道理啊。

小叮咛

小朋友，多读书能让自己耳聪目明。董遇在忙碌的工作之余，还能挤出时间不断学习，而且还学得那么好，真是不容易！我们学习也一样，不仅要学会书中的知识，还要读懂其中的道理，更要归纳学习的方法，这样的学习一定会让你事半功倍哦！

39.功到自然成

低头才能抬头

在非洲大草原上，生长着一种奇异的植物，叫尖毛草。它号称"草地之王"，是非洲大地上长得最高、最茂盛的茅草之一。然而，让人意想不到的是，尖毛草最初的生长过程却极其缓慢，根本看不出有什么王者的气象。

当春天来临时，其他植物开始疯狂生长，而尖毛草仿佛压根儿就没感受到春风的召唤，始终保持在 3 厘米左右，显得很弱小。眼看春天就要结束，尖毛草还是像一个光吃饭不长个儿的小孩，比草原上的许多野草都低矮。

正当人们将尖毛草看成普通的野草时，情况一下子发生了逆转。半年后，一场大雨来袭，尖毛草就像被施了魔法一样拔地而起，每天以 50 厘米的惊人速度向上猛长。不到一个星期，就长到了一米六七，有的甚至达到了 2 米高。放眼望去，一排排的尖毛草就像一堵堵绿色的高墙，成为非洲草原上一道亮丽的风景线。

刚开始，人们一直想不明白，为什么低矮的尖毛草能够一下子蜕（tuì）变为"草地之王"呢？

后来，植物学家通过研究发现，尖毛草之前不是没有生长，而

是它的生长我们看不到，因为它长的不是地面的茎，而是地下的根。在长达半年的时间里，尖毛草的根不断向周围和地下扩张，最深的地方竟然达到了20多米，它的根系牢牢地锁住了水分，锁住了土壤中的营养成分。当蓄积的能量达到成长的需要时，尖毛草就会厚积薄发，在短短几天时间内，长到人那么高。

聆听家训

成事有三戒①：气胜者偾②，神浮者疎③，言多者力不挚④。
——[明]徐祯稷⑤《耻言》

①戒：戒律，戒规。
②偾（fèn）：败坏，破坏。
③疎（shū）：同"疏"，疏导，开通。
④挚（zhì）：诚恳，恳切。
⑤稷：音jì。

译文

要想做成功事情，就要记住三条戒规：喜欢争强好胜的人容易搞坏事情；心神不定的人往往浮华不实；话多的人所说的话不够诚恳，没有力量。

小叮咛

小朋友，很多事情不是一蹴（cù）而就的，如果你想成就一番事业，就要学会沉淀自己的内心，认准自己的目标，埋头苦干，养精蓄锐，等待时机。当你的努力达到一定程度时，就会厚积薄发，一鸣惊人。

40. 立身贵高

海瑞智赶御史

海瑞（1514—1587）是明代著名政治家，广东琼山（今海南海口）人，字汝贤，自号刚峰，寓意"刚正不阿"。他在生活上十分俭朴，他常对家人说："人要正直节俭。正直的人必定会节俭，因为正直的人明白事理。不节俭就很难正直，奢侈浪费与贪污腐化是很接近的。"

海瑞任浙江淳安县知县时期，有一次，都御史鄢（yān）懋（mào）卿下基层视察，他可是大奸臣严嵩身边的大红人，沿途官吏们自然不能错过这个巴结领导的机会，纷纷破格接待，只要领导高兴，花多少钱都不在乎的。

鄢御史长年搞纪检工作，对官场风气自然烂熟于胸。为显清廉，他发出告示说："本官向来简朴，不喜欢官员或百姓们奉承逢迎。所以沿途的饮食供给，都应以简单朴素为要，不要奢华，不要侵扰百姓。"话虽这么说，可事实上呢？鄢御史带着大队车马，所到之处，无不呈风卷残云之势，地方官员贿赂的金银财宝，他照单全收。真是说一套，做一套！

眼见鄢御史就要到淳安县了，海瑞心里很是着急啊！淳安民风

淳朴，财政吃紧，哪里拿得出那么多钱财来招待这只胃口大开的"大老虎"？倘若只搞个四菜一汤来接待，肯定脱不了怠慢之嫌，头顶的乌纱帽没准也会因此丢了。

思虑良久，海瑞计上心来，他匆匆修书一封，派人快马加鞭送给鄢御史。信上说："您是天下第一廉官，过州过府，轻车简从，从不增加地方负担，下官深表敬佩。但现在有些人专门败坏您的名声，到处造您的谣，说您每到一地都有酒席，每席费银多达三四百两，供您住宿的地方富丽堂皇、极尽奢华，就连您的溺器也要用银器。这把我搞糊涂了，究竟哪个是真，哪个是假呢？请大人您明示，我好做接待准备。"

一席话像是打了鄢御史一记火辣辣的耳光，他气得说不出话来，但不得不对传言解释一番，又假装表扬了海瑞几句。只是他为了图耳根清净，干脆借口公干，绕道而行。

聆听家训

立身贵高。高非高傲之高，只是不可把自家的身子卑①了，同流合污②是也。须要看得自己身子重③，自然非礼不为。

——[清]于成龙《于清端公治家规范》

① 卑：低下，低劣。
② 同流合污：跟着坏人一起做坏事。
③ 重：认为重要而认真对待。

做人贵在品德正直高尚，这里的高不是自高自大、傲慢无礼，只是不能把自己看得低劣了，跟着别人去做坏事。必须要正确看待自己，那么不合乎礼仪和法纪的事情就不会去做了。

小朋友，正直高尚的品德值得每个人去追求。面对诱惑，我们该坚定立场，做出正确的选择。就像我们在《弟子规》中学过的："物虽小，勿私藏，苟私藏，亲伤心。"相信从今天开始，你会努力成为一个正直高尚的人！

41. 积德行善留美名

捐宅兴学贵天下

北宋时期著名的政治家、文学家范仲淹曾在他的名作《岳阳楼记》中写道："先天下之忧而忧，后天下之乐而乐。"这是他内心宏大的志向，也是他崇高品行的最好写照。

范仲淹做了大官，虽然薪资丰厚，却依然保持勤俭。他把自己积攒下的大量家财拿出来，在家乡苏州郊外的吴、长两县购买土地近千亩，以土地所得的钱财救济当地的穷人，使他们"日有食，岁有衣"。这千亩田地因此被人们誉为"义田"。当地凡有人家婚丧嫁娶，范仲淹都会拿出钱来资助，他的家乡因而也被人们称作"义庄"。

范仲淹除了热衷于扶贫济困，还热心于赞助教育事业。北宋景祐二年（1035），范仲淹在苏州南园购买了一块草木葱茏、溪水环绕的好地，打算

《义田赡族》（清梁廷年编《圣谕像解》插图）

在此建设自家的住宅。

房屋建好后，范仲淹请来一位风水先生。先生探查了一番，连夸此地风水好，称如果长期在此居住，可以世世代代出高官显贵。

范仲淹听后，说："我家独享此处的富贵，不如让普天下的人都能来这里读书，这岂不是能出更多的贵人？"于是范仲淹毫不犹豫地将宅地献出，奏请朝廷批准设立了苏州学文庙，在这里培养更多的人才。

范仲淹捐宅兴学的举动在当时影响极大，以至当地富户纷纷效仿。据说"吴学"日后的兴盛就是从那时开始的，所以后来又有了"苏学天下第一"的美称。

聆听家训

凡积德①之人，皆是绝顶识见，看得天理②透亮，但所秉之材力与作用不能副③之，所以隐行④善事，而不露圭角⑤，则其德愈大，而子孙之累世皆食其福也。此识即是见性，非容易也。

——[清]梁熙《皙次斋家训》

①积德：为求福而做好事。
②天理：道德法则。
③副：相配，相称。
④隐行：暗中去做。
⑤圭（guī）角：指圭的棱角。泛指棱角，比喻锋芒。

凡是为了求福而多做好事的人，都是拥有非凡见识，把道德法则看得明明白白的。但有时因个人的经济、地位和所做的好事不相配，所以有的人总是暗暗地去做，而不让别人知晓，那么他的德行就愈加高尚，后代的子子孙孙都会托他的福受到庇佑。拥有这样的见识并不容易。

小叮咛

小朋友，助人乃快乐之本。范仲淹用自己的薪资购买田地，用来接济穷人，还热心于赞助教育事业，真是个了不起的"积德之人"！雷锋叔叔曾说过："自己辛苦点，多帮别人做点好事，这就是我最大的幸福和快乐。"怎样才能成为一个助人为乐的人呢？其实并不难，一个微笑，一个建议，一个鼓励，一次搀扶，一次退让……都是助人为乐的开始。

42. 做人先立志

划粥断齑

范仲淹幼年丧父，家境贫寒。在醴（lǐ）泉寺读书期间，为了读书方便，他自己备了小锅小灶煮饭吃。范仲淹按照计划，每天夜晚，量好米，添好水，在小灶里点燃自己拾的木柴，煮米粥。他常常一边读书，一边续柴煮粥。一锅米粥煮好了，时间也已过了半夜，他便和衣睡去。第二天清早起来，锅里的米粥凉透了，凝固成圆圆的一整个。他拿出小刀，在凝固的粥块上面，划上一个"十"字，完整的一锅粥分成了四块。早晨吃两块，傍晚吃两块，这便是"划粥"。

用什么菜蔬佐餐呢？寺院周围的大山之中，自然生长着野韭菜、野葱、野蒜等十几种可以吃的野菜。范仲淹白天去山洞读书时，顺便拔几种野菜回来。吃饭时，将十几根野菜切成细碎末，加入一点盐拌一拌，一顿佐餐的菜便成了。这就是"断齑（jī）"。

划粥断齑，简单清淡，省时、省力又省钱，可谓范仲淹的独创！

范仲淹在醴泉寺读书三年，一直过着"划粥断齑"的清苦自律的生活。后来，他在书院昼夜苦学，五年间从未感受过能够解衣就枕的舒适生活。寒冬腊月，当读书困倦了，就用冷水洗脸再继续读如果吃不上饭，他就以粥充饥。

寒窗苦读在他的一生中具有重要意义。一方面，他刻苦学习、博览群书，为他以后在文学上和政治上的成绩打下了雄厚的基础；另一方面，寒窗苦读培养了他吃苦耐劳的精神和克服困难的意志。

聆听家训

做人先立志：做人如行路，然①举步②一错，便归正③不易。必先有定志，始有定力④。

——[清]汪辉祖《双节堂庸训》

①然：如果，假如。
②举步：迈步。
③归正：回到正道。
④定力：指控制自我欲望或行为的能力。

译文

做人先要立下志向：做人就像走路一样，如果走错了路，再要回到正道上是很不容易的。必须要先有明确的志向，才能控制自己的欲望，才能有把握自己行为的意志力。

小叮咛

小朋友，古人说："庸人常立志，圣人立志长。"我们首先要确立好一个长久的志向，然后坚定不移地朝着自己的目标前进。

43. 志当存高远

羊续悬鱼拒贿

东汉时期的羊续，祖上七代都做过高官，他也顺利走上了仕途，初为皇帝侍卫，管理车、骑、门户，有时也从军出战。

汉灵帝中平三年（186），驻守江夏（今属湖北武汉）的官军发生叛乱，羊续临危受命，出任南阳太守。

面对极度混乱的南阳，羊续并没有畏难。他穿着一身普通衣裳，未带一兵一卒，仅由一个书童领路，到各县微服私访，实地调查研究。他每到一地，都同百姓唠叨家常，人还没到南阳府衙，就已经对当地官员的好坏了如指掌。

那些为非作歹的官吏听说后十分恐慌，立即停止了对百姓的盘剥，使局势安定了许多。在荆州刺史王敏的配合下，羊续调兵很快就平定了叛乱。南阳百姓看到新任太守如此想百姓之所想，急百姓之所急，都十分拥戴这位"父母官"。

羊续虽然出身官宦世家，但他自律甚严，清廉自守，过着俭朴的生活。他经常穿破旧的衣服，吃简单粗糙的饭菜。

有一次，一个叫焦俭的下属觉得羊太守的生活实在是太清苦了，便送给他一条活鲤鱼，让他补补身体。面对这条"礼鱼"，羊续左

右为难：不收吧，对不住焦俭的一片好心；收下吧，有违自己的本心和处世的道德规范。于是，羊续只好暂时将鱼收下。

等焦俭一走，羊续就让人把鱼悬挂在厅堂上。没过几天，这条鱼就被晒成鱼干了。又过了些日子，焦俭又拿了条鲤鱼来拜访羊续。羊续用手指着厅堂上悬着的干鱼，说："你原先送给我的鱼，如今还挂着呢，不用再送啦。"焦俭看着这条飘来荡去的干鱼，领悟了羊太守的一番苦心，只好把鱼提走了，以后再也不敢送礼了。

羊续悬鱼拒贿的故事，一直流传到今天，他也得了个"悬鱼太守"的美称。

聆听家训

立志之始，在脱习气。习气薰①人，不醪②而醉。
——[清]王夫之《姜斋文集》

①薰（xūn）：（气味）侵袭。
②醪（láo）：泛指酒。

译文

一个人要想立志有所作为，首先要摆脱庸俗之气。旧习气对人的影响，就像人闻到醇厚的酒味，还没有喝就醉了。

小叮咛

小朋友，想要有所作为，必须抛弃庸俗之气，像羊续那样洁身自好。当然，说着容易，做起来可不容易，那就让我们一起从小事做起，从自己做起吧！

44. 尚志最先

立志做圣贤

王守仁，字伯安，因筑室于故乡阳明洞中，世称阳明先生，得名王阳明。王阳明是明代著名的哲学家、教育家。在他12岁那年，他的父亲王华送他进私塾读书。

在私塾读书期间，小阳明不像其他学子那样循规蹈矩，而是特立独行、豪迈不羁，常常做些出人意料的举动。王华对此深感忧虑，但王阳明的祖父却坚定地相信，他的孙子与一般孩子不同，是天资过人而又胸怀大志的，将来必定能成大器。

有一次，私塾先生不在，小阳明又和其他同学一起玩军事游戏。父亲得知后很生气，指责他说："我们家世代都喜欢读书，你学这个有什么用？"

小阳明反问道："读书有什么用？"

父亲一脸严肃："读书就能当大官，像我这样中状元！"

小阳明反驳说："父亲中状元，子孙世代还会

手书行书五言诗
立轴(明·王守仁)

· 112 ·

是状元吗？只有一代，即使是状元也不稀罕！”

父亲听了很吃惊：儿子小小年纪便有自己的见地。

那么王阳明读书究竟是为了什么呢？

有一天，小阳明很认真地问先生："什么是人生的头等大事呢？"先生很认真地回答他说："人生的头等大事，当然是好好读书，将来能像你父亲一样，登第做状元。"

小阳明想了想，怀疑地说："登第做状元，恐怕不能算是人生头等大事。"先生问："那么你说说，什么是人生头等大事呢？"

小阳明若有所思，郑重地回答说："我认为，只有读书做圣贤，才能算是人生头等大事呢！"

就这样，"读书做圣贤"这个宏伟的志向，便在小阳明的心里扎下了根。长大后，王阳明果然成为一代圣贤，为读书的最高目标作出了最好的诠释和证明。

聆听家训

立志是做人基本。立志要作第一等人，不尽是第一等人也。若立志要作第二、三等人，少间①利欲②当前，便和禽兽③也都做了。故尚志最先。

——[清]潘德舆《示儿长语》

①间（jiàn）：偶尔，间或。

②利欲：对私利的欲望。

③禽兽：比喻行为卑鄙恶劣、卑劣无耻的人。

确立志向是一个人做人的根本。立下要做圣贤的高尚志向，不一定都能成为圣贤。如果立下了一个中等的志向，偶尔有一点点对私利的欲望，就会什么都去做，成为一个卑鄙恶劣、卑劣无耻的人。所以，尊崇自己的志向是首要的。

小朋友，立志为什么重要？因为志向是一个人成就梦想的精神支柱。有了坚定的志向，便有了奋发的动力。故事中小阳明儿时的志向是"读书做圣贤"，后来成了著名的思想家、文学家、教育家。但凡成就高的人，必然是从小就心存大志的人。小朋友，你的志向是什么呢？你会为你的志向付出怎样的努力呢？

45. 勤学则处处有师资

==故事会==

孔子拜师

春秋时期，齐国人项橐（tuó）从小就十分聪明，远近闻名，孔子也听说了这个神童，一直想要见见。

后来，孔子和他的学生来到了齐国，他们想去看看海，在路边看到有个农夫正在锄地，孔子便上前问农夫一天要挥多少下锄头。

农夫疑惑不解：圣人怎么会问出这么个愚蠢的问题来？我只知道埋头干活，哪里还数着挥多少下锄头啊？农夫张口结舌，说不出话来。孔子见问不出什么，就带学生子路离去了。

师徒二人看完海回来，又路过这里。子路见农夫还在，便趁歇息的时候又去问那个农夫："老人家，刚才我老师问了您什么？"农夫说："你老师问我一天要挥多少下锄头。"

子路听了，也问了同样的问题。这时，农夫回答说："你的马一天踏多少次蹄，我就挥多少次锄头。"子路听后，惊讶于农夫的机智。原来，这位农夫的儿子就

学琴师襄（选自《孔子圣迹图》）

是齐国神童项橐，这个回答便是儿子教他说的。

子路将此事告诉了孔子，孔子更想去见见项橐，他不相信一个7岁的小孩能有这么大能耐。来到农夫家，项橐的几个问题孔子竟一个也答不出来。这时，项橐笑着说："谁说你知识渊博呢？"

当时孔子深觉惭愧，连忙给项橐鞠了一躬，口中称："后生可畏，后生可畏啊！老夫要拜你为师。"

子路在旁边都看在眼里，他不以为意，心里嘀咕着：我的老师学问这么大，怎么能拜一个小孩为师呢？孔子看出了子路的心思，就教育道："三个人同行，其中必定有可以当我老师的人啊！"

聆听家训

人能立志勤学，随处皆得师资①。

——[清]周馥《负暄②闲语》

①师资：培育，教导。
②暄：音 xuān。

译文

一个人若能够立下志向，勤奋好学，处处都可以得到他人的培育和教导。

小叮咛

小朋友，"三人行，必有我师焉"。生活中处处都有我们可以学习的人和事，连孔圣人都那么虚心好学，我们更应该见贤思齐。

世未有有志而不大成者，即未有无志而能大成者，故务学又以立志为急。

46. 修德，从点滴做起

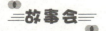

节俭的皇帝

他出生在一个贫苦的家庭，从小给村里的地主放牛，20岁时还是个衣衫褴褛的乞丐，40岁时却黄袍加身成了开国皇帝！哇，这样的人生，是不是太不可思议？这个人，就是明太祖朱元璋。

古话说，"由俭入奢易，由奢入俭难"，难能可贵的是，从小深受饥寒苦难折磨的朱元璋，登上帝位后还始终保持着艰苦朴素、节俭有度的品质。

贵为天子的朱元璋，对自己很"苛刻"，据说他吃饭只是简单的三四个菜，而且常常连鱼、肉都没有。有一次，苏州进贡了一种大米，这种米在煮成米饭时香气迷人。朱元璋吃了三大碗白米饭，就在他想要称赞这种大米时，忽然想到，如果他说这个大米好吃，那官员肯定就会奴役百姓种植这种米。朱元璋以前做过农民，理解农民的艰辛，所以最后只留下两斗米，其余的退了回去。

但是朱元璋还是经常向马皇后提到这种米。马皇后知道了他的心思，就派人去苏州买了稻秧，在御花园的水渠旁边开了五亩的水田，自己悄悄地插秧种稻。直到有一天，朱元璋来找马皇后，他才看到马皇后和儿媳在水田里插秧。

朱元璋十分激动，他怀念以前自己插秧的日子，所以连龙袍都没脱，就下田开始插起秧来。他不小心将龙袍沾上了泥巴，很不雅观，但是他心里非常畅快。他吩咐自己的宫女，那件龙袍不要洗，留下当作纪念。

三天后，高丽国王的弟弟前来拜访朱元璋，朱元璋和马皇后接见了他。马皇后看见朱元璋竟然穿着那件沾有泥土的龙袍，非常生气。接见完后，她就狠狠地责骂宫女。谁知这个时候，朱元璋却大笑起来："哈哈，我就是想让高丽人看看，大明的皇帝是如何治理国家的！"

朱元璋不仅自己勤俭节约，还要求宫里其他人厉行节约。有一次，朱元璋看见一个护卫穿了一件非常华丽的新衣服，他停下脚步，叫住这个人，询问他衣服的价格。当得知这件衣服花了五百贯钱时，朱元璋将这个护卫狠狠地批评了一顿："五百贯是数口之家的农户一年的费用啊！你却用来做一件衣服穿在身上，太浪费了，真是作孽啊！"

朱元璋还极其重视对子女们进行良好品德的熏陶。有一次，他在和一位大臣谈到自己的家教经验时说："我常常告诫我的儿子们，饮食上要有节制，一切用度要节俭，担心他们不知道百姓的饥寒……"

"历览前朝国与家，成由勤俭败由奢"——朱元璋就是时刻谨记这样的教诲，并努力付诸实践，为子孙们树立榜样。

不暴殄天物①，不重裘②，不兼味③，不妄毁伤，不厚④于自奉⑤，皆修德之渐，为人所当谨。

——[元]孔齐《至正直记》

①暴殄（tiǎn）天物：任意糟蹋东西。
②裘（qiú）：皮衣。
③兼味：两种以上的菜肴。
④厚：优待，推崇。
⑤自奉：自身日常生活的供养。

译文

不随意糟蹋东西，不看重贵重的衣物，不大吃大喝，不随意地伤害毁坏自己的身体，平日里也不要太优待自己，德行都是这样逐渐养成的，做人一定要记住这些。

小叮咛

小朋友，勤俭节约是我们的传统美德。朱元璋夫妇虽然贵为皇帝和皇后，但并没有追求奢侈豪华的帝王生活，相反，他们能体恤（xù）百姓的辛苦，自己亲手种植粮食。他们节俭的作风给后世做了榜样，值得我们学习和推崇。

47. 违于礼法，度不可容

大义灭亲

春秋时期，卫国的公子州吁（xū）是个骄奢淫逸的家伙。他的哥哥卫桓（huán）公即位后，州吁与大夫石碏（què）的儿子石厚相互勾结，杀了卫桓公，自立为国君。

州吁刚坐上王位不久，就驱使百姓去打仗，激得民怨沸腾，众叛亲离。他担心自己的王位不稳定，就与心腹大臣石厚商量办法。

石厚就去问他的父亲石碏，怎样才能巩固州吁的统治地位。

石碏对儿子说："诸侯即位，应得到周天子的许可，他的地位才能巩固。"石厚说："州吁是杀死哥哥谋位的，要是周天子不许可，怎么办？"石碏说："陈桓公很受周天子的信任，陈国、卫国又是友好邻居。"没等父亲把话说完，石厚就抢着说："您是说去请陈桓公帮忙？"石碏连连点头。

石厚将父亲的主意告诉了州吁，他们都认为这是好计策，于是备了许多礼物，一同去陈国拜见陈桓公。

就在州吁、石厚出发之前，石碏暗中派人赶赴陈国，给陈桓公送去密信。信中说："卫国不幸，出了两个乱臣贼子。请国君为我国主持正义，趁这两个逆贼去拜见您时，将他们按弑君罪拘留吧。"

陈桓公知道石碏是卫国贤臣，所以，一等州吁、石厚到达陈国，便将他们抓了起来。不久，卫国派人去陈国，将州吁处死。

卫国的大臣们认为石厚是石碏的儿子，应该从宽处理。石碏却不徇私情，派自己的家臣到陈国去，把亲儿子杀了。

春秋时的史学家左丘明称赞石碏："为大义而灭亲，真纯臣也！"

聆听家训

子孙赌博无赖①及一应违于礼法②之事，家长度③其不可容，会众罚拜，以愧之。

——[明]曹端《家规辑略》

①无赖：放刁撒泼，蛮不讲理。
②礼法：礼仪法纪。
③度：行为准则。

译文

子孙后代参与赌博或行为恶劣，做一切违反礼仪法纪的事情，家里的长辈和家规都不能允许，要汇集家族所有成员一起惩戒他，对他罚跪，让他对所做的事感到羞愧。

小叮咛

小朋友，如果犯了错却没能认识到自己的错误，将来总要自食其果，但是改正错误是永远不怕晚的。如果我们犯了错，应当虚心接受批评，好好改正。

48. 良师益友当珍惜

陈毅马门立雨

20 世纪 50 年代初，任上海市市长的陈毅元帅求贤若渴，想要邀请著名学者马一浮先生参加新政府的工作。马一浮颇负盛名，志向高雅，曾多次拒绝国民党政府的邀请。

一个春天的下午，陈毅市长来到杭州蒋庄拜访马一浮。为了表示对马一浮的尊重，那天，他还特地脱去正装，穿了一件长衫。

到了蒋庄，马一浮正在午睡，而他的家人并不知道来者是谁。家人请陈毅稍等片刻，便要进去通报，陈毅却吩咐不要去惊动马老。他先在附近的花港公园观赏风景，兜了一圈再回来时，马一浮还没醒。

此时天空下起了雨，马一浮的家人就请陈毅进客厅等候。陈毅却不进屋，站立在屋外耐心等候。这时，雨越下越大，他的衣帽都被雨淋湿了。

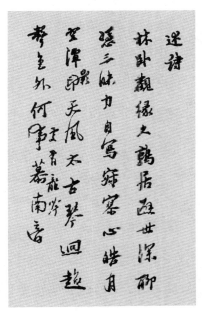

马一浮书法

马一浮醒来后，知道是威名远扬、功勋（xūn）卓著的陈毅前来拜访，还在外面淋雨等候，很是过意不去，连声致歉，对陈毅的敬重之情也油然而生。他立马请陈毅进屋，两人愉快地交谈起来，话题也越来越宽泛，涉及禅学、理学和诗词等。陈毅的率性和热忱让马一浮感慨不已。

最后，马一浮终于被陈毅的诚意所感动，答应出任华东文物管理委员会委员一职。这都归功于当年陈毅元帅的诚意邀请。

陈毅与马一浮的这段佳话被后人称为"马门立雨"。

聆听家训

教子弟，必慎①择师友，待师友当备②尽诚敬。

——[明] 许相卿《许氏贻③谋四则》

①慎：谨慎，认真。

②备：表示完全。皆，尽。

③贻：音 yí。

译文

教导后代一定要慎重地选择老师和朋友，对待老师和朋友应当诚心诚意，恭恭敬敬。

小叮咛

小朋友，人与人之间只有真诚相待，才能成为真正的朋友。正如陈毅元帅并没有因为自己是市长就命令马一浮做事，而是用自己的诚意去打动他，交到了最真诚的朋友。

49. 廉洁，从节俭起步

一生清贫的方志敏

1934 年 11 月初，方志敏奉命率红军北上抗日，任红十军团军政委员会主席。

方志敏带领的部队在皖（wǎn）南遭国民党军重兵围追堵截，艰苦奋战两个多月，被七倍于己的敌军围困。他带领先头部队奋战脱险，但是为了接应后续部队，重新步入重围。最后因为敌我双方力量悬殊，于 1935 年 1 月 29 日在江西玉山陇首村被捕。

被捕那天，两个国民党士兵从方志敏的上身摸到下身，从袄领捏到袜底，企图发个意外之财。但是除了一块表和一支自来水笔之外，连一个铜板都没有搜出。

于是他们发起怒来，左手拿着一个木柄榴弹，右手拉出榴弹中的引线，双脚拉开一步，做出要抛掷的姿势，用凶恶的眼光盯住他，恐吓他说："赶快将钱拿出来，不然就是一炸弹，把你炸死去！"

"哼！你不要做出那难看的样子来了吧！我确实一个铜板都没有存，想从我这里发洋财，你们想错了。"方志敏淡淡地说。

"你骗谁！像你这样当大官的人会没有钱！"拿榴弹的士兵坚决不信。他们再次将方志敏的衣角裤裆细细地捏了个遍，希望有新的发现，但始终没有搜出一文钱。他们怎么也不会想到，当时方志敏唯一的财产只是几套旧的汗褂（guà）裤，几双缝上底的线袜。

诚如方志敏所说："清贫，洁白朴素的生活，正是我们革命者能够战胜许多困难的地方！"在狱中，面对敌人的严刑和诱降，他正气凛然，坚贞不屈。

1935年8月6日，一生清贫的方志敏在江西南昌下沙窝英勇就义，年仅36岁。

聆听家训

> 君子不苟得①，不妄费②，俭所以为廉也，未有妄费而不苟得者。
>
> ——［明］方弘静《方定之家训》

①苟（gǒu）得：以不正当的手段而取得。
②妄费：胡乱浪费。

译文

品德高尚的人不会用不正当的手段去获得财物，也不会胡乱浪费。节俭的人必定也会很清廉，不会因为胡乱浪费而用不正当的手段去获得财物。

小叮咛

方志敏作为红军的领导，却一生清贫。艰苦朴素是我们中华民族的传统美德，古人说得好，节俭的人必定会清廉。小朋友，希望你能从小养成朴素节约的好习惯！

50. 忠言逆耳利于行

亡羊补牢

古时候，有一个养羊人，家里养了十多只羊。白天，养羊人赶着羊群到山上吃草；傍晚，养羊人将羊儿赶回羊圈里，清点好数目后，他才安心去睡觉。

一天早上，下起了大雨。雨水把羊圈冲坏了，羊圈上破了一个窟窿。养羊人看到后并没有立即动手修补羊圈，他想着等哪天有空了再去补羊圈。

几天过去了，养羊人准备出去放羊时，发现少了一只羊。他非常心痛，四处寻找，找了半天也没有找到。他焦急万分，围着羊圈转来转去，发现羊圈上的那个窟窿又大了一些，还看到地上的血迹，这才恍然大悟，一定是晚上的时候，狼从这个窟窿里钻进去，把羊给叼走了。

正当他看着窟窿发呆的时候，好心的邻居走过来，语重心长地劝告他说："就是这个窟窿让你的羊丢了，赶快把羊圈修一修，堵上那个窟窿吧！不然今天晚上说不定狼还要来偷羊呢！"

谁知，养羊人听了邻居的话，却不以为然地摇摇头，说："羊已经丢了，还修羊圈干什么呢？"他并没有接受邻居的劝告。

邻居摇了摇头，无奈地走了。

第二天早上，养羊人准备出去放羊，到羊圈一看，发现又少了一只羊。原来，昨晚狼又从窟窿里钻进来，把羊给叼走了。

他很后悔没有接受邻居的劝告，心想：现在修羊圈还不晚，我得赶快堵上那个窟窿，把羊圈修补得结结实实的。

从此以后，他的羊再也没有被狼叼走过。

◉≡聆听家训≡◉

> 自家有过①，人说要听，当局者迷②，旁观者清③。
>
> ——[明]吕坤《续小儿语》

①过：过失。
②迷：分辨不清，迷乱。
③清：清楚，明晰。

◉≡译文≡◉

自己有了过错，别人的批评、劝说都要听得进去。因为有些时候当事人由于认识不全面，陷在问题里看不清楚局势，而旁观的人却看得很清楚。

◉≡小叮咛≡◉

小朋友，人难免会犯错，当你犯了错，一定要接受别人的批评和劝告。如果故事中的养羊人在第一次丢羊后，就能听从邻居的建议，那么他就不会再丢羊了。其实犯错并不可怕，犯糊涂也不打紧，只要你能虚心接受别人给你的意见并及时改正，就不算晚。

51.苦在前，方能乐在后

卧薪尝胆

春秋时期，吴王夫差凭着吴国国力强大，领兵攻打越国。越国战败，越王勾践被抓到吴国囚禁起来了。

吴王为了向诸侯国表现自己的宽宏大量，也为了羞辱越王，他决定不杀越王，而是派他去看守墓地、去喂马，做一些奴仆才做的工作。

越王心里虽然很不服气，但仍然极力装出忠心顺从的样子。他在心里暗暗发誓，一定要等待时机，有朝一日回到自己的国家报仇雪恨。

为了让吴王放松警惕，每当吴王出门时，越王总是拿着马鞭，走在前面牵着马；当吴王生病时，越王在床前悉心照顾。吴王看越王这样尽心伺候

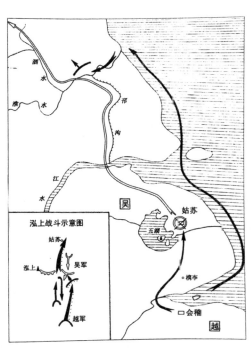

吴越姑苏作战经过示意图

自己，觉得他对自己非常忠心，三年后就将他释放回越国了。

越王回到越国后，决心洗刷自己在吴国当囚徒的耻辱，立志报仇雪恨。他认识到艰苦的环境能锻炼意志，安逸舒适的生活会消磨斗志。他害怕自己会贪图眼前的安逸生活，而消磨了报仇雪耻的意志，所以为自己营造艰苦的生活环境。晚上睡觉时，他不用被褥（rù），只铺些柴草，又在屋里挂了一只苦胆，吃饭和睡觉前都要尝一下苦胆的味道，为的就是不忘过去的痛苦和耻辱。

除此之外，越王还发展生产，到民间视察民情，替百姓解决问题，让人民安居乐业，甚至亲自扶犁种田，让妻子纺织。同时，他还加强对军队的训练，并奖励生育，增加人口，希望在越人同心协力之下让越国强大起来。

经过十年的艰苦奋斗，越国变得国富兵强。又过了四年，越王亲自率领军队进攻吴国。吴王夫差不敌，派人求和，但被越王勾践拒绝。吴王夫差羞愧得在战败后自杀，吴国由此灭亡。

后来，越国又乘胜进军中原，成为春秋末期的一大强国。

聆听家训

要甜先苦，要逸①先劳，须②屈③得下，才跳得高。

——[明]吕坤《续小儿语》

①逸：安闲，安逸。
②须：应该。
③屈：屈服。

要想过上幸福甜蜜的生活，就要有辛苦的付出；要想过上安逸舒适的生活，就要有辛勤的劳动。我们应该能屈能伸，才能让自己更加出色。

小朋友，成功不是轻轻松松就能得来的，不经历风雨，怎能见彩虹？越王勾践在遭遇逆境和羞辱时，深刻自省，忍辱负重，最终让越国成为强国。如果没有坚定的信念，他是无法做到的。我们平时在学习、生活中遇到困难，不要放弃，不要退缩，要坚信辛勤的付出最终会换来成功。

52. 只争朝夕，时不我待

齐白石作画

齐白石画作

齐白石是我国著名的书画家，他出身贫寒，做过农活，当过木匠。有着丰富劳动经历的齐白石非常珍惜时间，他一直这样勉励自己："不教一日闲过。"怎样才算是在一天中没有闲过呢？他对自己提出一个标准，就是每天都要挥笔作画，一天至少要画 5 幅。虽然他已经 90 多岁了，但他还一直坚持这么做。

有一次，齐白石过生日。由于他是一代宗师，学生、朋友来了很多，从早到晚，客人络绎不绝。齐老笑吟吟地迎来送往，忙得不亦乐乎。

等到天黑了，送走最后一批客人，他已经筋疲力尽。但他想到今天的作画任务还没完成，于是拿起笔开始作画。由于过度疲劳，难以集中精力，家人们一再劝阻他："忙了一天了，您赶紧上床休息吧！明天起来再画也不迟。"但齐白石就是不听劝。他对家人说："今日事，今日毕，明天还有明天的事呢！"家人也知道齐白石的性格，决定好的事情，谁也动摇不得，何况又是他热衷的作画呢！

就这样，这位年过九旬的老人继续作画。只见他提着画笔，一会儿挥笔作画，一会儿提笔深思，有时眉头紧缩，有时眉开眼笑……屋外，一片漆黑，万籁俱寂；屋内，灯火通明，老人神情专注。终于，老人完成了5幅画。"您现在已经完成规定的'作业'，可以休息啦！"家人催促他。齐白石看了又看，满意地将画收好，这才拖着疲惫的身躯休息。

这就是大画家齐白石的作画故事，正是他那种"今日事，今日毕"的执着，才使得他在艺术上有如此精深的造诣。

聆听家训

不论居家居官，一日自有一日事，如读书一日要完一日的工课①，作家一日要干一日的事务②，居官一日要理一日的公案③。

——[明]姚舜牧《药言》

①工课：即"功课"。
②事务：所做的或要做的事情。
③公案：情节复杂的疑难案件。

无论是在家过日子还是在朝中做官，每天都有要做的事情，比如读书人每天都有要完成的功课，从事文学创作的人每天都有要写的文章，做官的人每天都有要处理的案件。

小叮咛

小朋友，"今日事，今日毕"的古训，你记住了吗？人生在世，每一天都有要完成的任务，只有做到日日清、不拖延，做事才算有章法、有效率。从现在开始，别再为自己的"懒癌"找任何借口啦！你要勤勤恳恳将自己每天的功课高效完成哦，这样才能学有所成！

53.心底无私天地宽

大贪官和珅

在我国历史上，有一个极富传奇色彩的贪官——和珅（shēn）。他可是清朝乾隆皇帝跟前的大红人，曾任内阁首席大学士、领班军机大臣、吏部尚书、户部尚书、刑部尚书，兼任内务府总管、翰林院掌院学士……这些可都是清王朝中央政府的要职，足见他大红大紫的程度了吧！

说起和珅的出身，其实他也是个可怜的娃！3岁时，他的母亲因为生弟弟而难产去世；9岁时，他的父亲因病去世。小小年纪就没了双亲，真是悲惨。然而庆幸的是，因祖上有军功，他的物质生活还不赖。从小他就能进入官办学校，接受良好的教育。都说"知识改变命运"，真是千古真理啊！和珅天资聪颖，加上后天努力，不但通晓儒家经典，还精通满语、汉语、蒙语、藏语，真是多才又多艺。

和珅25岁时，被选为乾隆皇帝的侍卫。有一天，乾隆皇帝在书房看奏折，看着看着，突然怒火中烧，一把把奏折摔在地上，怒道："虎兕（sì）出于柙（xiá），龟玉毁于椟（dú）中，是谁之过欤？"

135

守卫们都不懂皇帝的意思，战战兢兢跪在地上叩头。只有和珅从容不迫地应答："管事的人不能推卸责任。"乾隆很惊讶：哟，一个小小的侍卫，竟然回答如此得体！便问他叫什么名字，家里有些什么人，读过些什么书。和珅一一对答如流。

　　在领导面前怒刷了一波"存在感"的和珅，官运、财运滚滚而来。精明能干的他很会察言观色，所以在官场上游刃有余。乾隆帝对他宠信有加，将自己最小的女儿嫁给和珅的长子。和珅不仅大权在握，还成了皇亲国戚，权势越来越大。

　　随着权势的增长，和珅的私欲也日益膨胀。他利用职务之便，结党营私，打击与他作对的人，巩固自己的政治地位；聚敛钱财，增加自己的资本积累。他甚至亲自经营工商业，开设当铺75间，大小银号300多间，而且和东印度公司、广东十三行有商业往来。

　　不过和珅的好日子随着乾隆皇帝的去世而走到了尽头。乾隆一死，嘉庆帝就宣布和珅20条罪状，下旨将他抓获。经查抄，和珅所聚敛的钱财，包括金银财宝、绫罗绸缎、稀奇古玩，约值白银8亿两！竟超过清政府15年财政收入的总和！乾隆帝死后15天，嘉庆帝赐和珅自尽，和珅死时年仅49岁。

　　啧啧啧，这样一位朝廷大官员，这样一位深得乾隆皇帝宠信的大臣，就因为贪恋财物和权势，而把自己引入了不归之路，真是可惜又可叹啊！

不可敛财物私帑藏①，不可倚富贵作威福。

——[明] 宋诩《宋氏家规部》

① 帑（tǎng）藏（cáng）：指钱币、财产。帑，古代指收藏钱财的府库或钱财。

译文

不可以聚敛财物私自藏起来，也不可以仗着钱财和地位而妄自尊大，为非作歹，做违反礼仪和法纪的事。

小叮咛

小朋友，贪心不足蛇吞象。和珅积累了那么多的财物，可有多少是自己光明正大得来的呢？靠贪污受贿，靠压迫百姓得来的东西，最终不仅没给自己和家人带来幸福，反而害了自己和子孙后代，还落得个臭名远扬。这都是贪婪的后果。小朋友，如果你想以后过上幸福的生活，现在就要学好本领，修好品德。

故事会

商鞅立木建信

秦孝公即位以后，为了使秦国变得更加富裕强大，他决心图强改革，网罗天下英才。这时，卫国国君的后代商鞅（yāng）来到了秦国，他是个很有才华的人，秦孝公便将他招募。很快商鞅便得到了秦孝公的信任，并为秦孝公实行改革出谋划策。

城门立木（选自《新镌绣像列国志》）

秦孝公召开会议商量变法的事情，但是朝廷上有许多旧贵族对变法表示强烈反对。这时候商鞅站了出来，与旧贵族们展开针锋相对的辩论。通过激烈的争论，商鞅在舆论战中取得了胜利。终于可以实行改革变法了，秦孝公和商鞅都很高兴。

变法的条令一切准备就绪，就差公布实行了。这时，商鞅担心百姓不相信自己，于是他奏请秦孝公允许自己先办一件事，秦孝公答应了。

商鞅命人在市场南门前放了一根

高约 10 米的木头，并发布告说："谁能把木头搬到北门，就赏他十两金子。"一时间，南门聚集了很多老百姓，大家议论纷纷，却都不敢相信，所以没有人去搬木头。

商鞅见无人相信，又说："能搬木头的人，赏他五十两金子。"这时，人群中有个人抱着试一试的心态，把木头搬到了北门。商鞅立马就赏了他五十两金子。这下老百姓们全相信了。

商鞅就是通过这样的举动来建立信任。最终，商鞅颁布了法令，变法也使秦国成了富裕强大的国家。

聆听家训

虽小物不得容盗，虽常言不得令诳①。必以诚信，必以勤慎②。

——[明]宋诩《宋氏家规部》

①诳（kuáng）：欺骗，瞒哄。

②勤慎：勤勉谨慎。

译文

东西物件虽然小，也不可以偷盗，即使是平常说话交谈，也不能有欺瞒哄骗之处。做人一定要真诚守信，做事一定要勤勉谨慎。

小叮咛

小朋友，不管什么时候都要信守承诺，答应别人的事情一定要做到哦！一个诚信的人，没有什么事是做不好的。就像商鞅，树立了诚信，才能去做更大的事。

55. 创业难，守业更难

常书鸿守护敦煌几十载

小朋友，你去过敦煌吗？说起敦煌，有一个人不得不提，他就是常书鸿。常书鸿是我国第一代敦煌学家，是敦煌石窟艺术保护与研究的先驱。

1935年秋天的一个傍晚，在塞纳河畔的旧书摊边。"先生，请您看看这几本画册吧。它们来自古老神秘的东方。"书摊主人向常书鸿推销道，"这是我们法国英雄伯希和从中国敦煌的千佛洞里拍摄来的。"出于好奇，常书鸿打开古老的线装书盒，突然眼前一亮：《敦煌石窟图录》！

莫高窟壁画

"敦煌？"常书鸿心底顿时涌起一阵向往。古老而悠久的中国文化，深深吸引着这位当时在法国已经很有名气的艺术大师。他不再犹豫，提前结束了在法国的绘画学习，回到祖国！

　　1942年，常书鸿到敦煌艺术研究所工作。"到敦煌去"，这正是常书鸿多年梦寐以求的愿望。初到敦煌时，石窟的惨象令常书鸿震惊：许多洞窟被熏成漆黑一片，一些珍贵壁画被毁，个别彩塑被偷；大多数洞窟的侧壁被打穿，许多洞窟的前室已坍（tān）塌；几乎全部栈道已毁损，大多数洞窟无法登临。从鸣沙山吹来的流沙就像细细的水柱，甚至像瀑布一样，从崖顶流下，堆积到洞窟里，几十年来无人清理。总之，莫高窟无人管理，处在大自然和人为的双重破坏之中。

　　面对这种情况，常书鸿深感自己肩上的任务沉重而艰巨，他暂时放弃了画画，义无反顾地干起了既非艺术又非研究的石窟管理员工作。生活是异常艰辛的，连最基本的生活物资都时常缺乏。宿舍就是小庙的土屋，办公室设在由马棚改造的房子里，土炕、土桌子、土沙发和土书架，是最常见的家具。

　　然而，生活的艰辛并没有打垮常书鸿。在熬过了不堪回首的一段岁月以后，敦煌研究所坚持住了，一直发展到今天，成为拥有约500人的敦煌文物研究院。

　　1994年6月，常书鸿在北京病逝，时年90岁。常书鸿的故乡在杭州西子湖畔，但按照他的遗愿，他的骨灰埋葬在了莫高窟。生前，他是敦煌的守护神；去世后，他也永远守护着莫高窟！

前人创业，后人守成，一茅片瓦，守而勿①失，此方是承②家令子。

  ——[明]孙奇逢《孝友堂家训》

①勿：不，不要。
②承：继承。

译文

  先祖开创、建立的家业，后代要保持这份业绩和成就，一棵茅草、一片瓦，都要守住，不能丢失，这才是继承家业、教育子孙的好方法。

小叮咛

  小朋友，"只要功夫深，铁杵磨成针"。不管做什么事情，只要你有决心，肯下功夫，不管多么难的事，也一定能做成功。常书鸿为保护和传承祖国历史文化遗产付出毕生的心血，艰难困苦并没有使他放弃，真是令人敬佩。小朋友，你有什么喜欢做的事情呢？记住要一直坚持哦！

56.行事贵专

学 弈

春秋时期有一个鲁国人名叫弈（yì）秋，他特别喜欢下围棋。经过多年潜心钻研，他终于成为当时下棋的第一高手，名声传遍了大江南北。

由于弈秋棋艺高明，当时就有很多年轻人想拜他为师。有两个年轻人王七和李四很幸运，通过层层考验，最终被弈秋收为徒弟。第二天，他们便跟随弈秋学围棋了。通过一段时间的教学，弈秋发现两位徒弟在课堂上的表现完全不同。

王七诚心学艺，听弈秋讲课从不敢怠（dài）慢，唯恐落下一个字。他总是专心致志，认真思考，有时还在记录着什么。弈秋对这个徒弟很是满意，点头称赞。

可是李四在课堂上却三心二意。弈秋在讲课时，他心里一直在想：一会儿天空会有天鹅飞过吧，我要搭弓射箭，把它们射下来才好，射下来以后怎么办呢……此刻，李四的思绪已飘到了九霄云外，弈秋讲的内容，他一个字也没听进去。

长此以往，两人的棋艺相差越来越大。大家都感到很奇怪：这两个人虽然由同一个老师教导，在一起学习，学习的时间也一样，但为什么李四的棋艺远不如王七呢？这到底是什么原因？

原来，并不是王七比李四聪明，而是李四学习时不够专心。要知道做任何事情都要专心致志，下棋也是如此。

凡为一事业，就要专心为之①，不可三心二意，又想他念②。

——[清] 石成金《天基遗言》

①之：代词，代指事业。
②念：念头，想法。

译文

只要做一项事业，就要专心致志地去做这项事业，不能三心二意，做着这件事，心里又想着其他的事。

小叮咛

小朋友，王七和李四学下棋的故事，一定让你感受很深吧！是啊，能不能做好一件事，有时候和是否聪明关系并不大，起重要作用的往往是努力与否。不要埋怨自己不够聪明，要时刻反省自己：我努力了吗？

57. 王侯将相，宁有种乎

陈胜的鸿鹄之志

秦朝末年，农民起义领袖之一陈胜，年少时家境贫寒，曾受雇于大户人家，替人耕种。但陈胜是一个有志气、有抱负的青年，他可不会安于现状！

有一天，陈胜和往常一样在田间耕种，在田垄上休息时，他很感慨。这时，有人哀叹道："我们的命怎么这么苦啊！""是啊，有什么办法呢？"有人附和道。陈胜对一起耕种的人说："假如哪一天富贵了，可别忘了拉兄弟们一把啊！"同伴听了，哈哈大笑："咱们现在替人耕种，地位卑微，还谈什么富贵呢！"陈胜长叹一声："唉，燕雀怎能知道鸿鹄（hú）的志向呢？"

后来，朝廷征兵，陈胜和其他900多名戍卒被押往渔阳。当大部队赶到大泽乡时，大雨滂沱，道路泥泞，根本无法行走。眼看期限快要到了，按照秦朝法律，不能按期到达渔阳可是要砍头的！

这一天，陈胜召集大伙儿，说："咱们现在被大雨困在这里，怎么也不能按期到达渔阳了，即便最后赶到那里，也是要杀头的。如果逃跑，被抓了还是死。既然横竖是死，咱们还不如干一番大事业呢！大丈夫要死就要死得轰轰烈烈！那些王侯将相难道天生就是

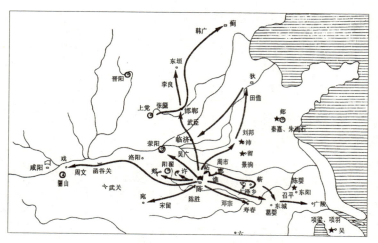

陈胜、吴广率领的农民起义军进军路线图

贵种吗？不是！我们也可以做王侯将相！"一番话说得群情激昂，大伙儿纷纷表示支持陈胜。

　　就这样，中国历史上第一次大规模的农民起义轰轰烈烈地爆发了！起义军势如破竹，不久，各地的起义军此起彼伏。在各路起义军的共同努力下，秦朝的暴政很快就被推翻了！

　　陈胜的鸿鹄之志成就了他起义的壮举，这个故事也被西汉史学家司马迁记录在《史记》中。

聆听家训

　　世未有有志而不大成①者，即②未有无志而能大成者，故务③学又以立志为急④。

　　　　　——[清] 王心敬《丰川家训》

①成：成功，成就。
②即：则，就。
③务：从事，致力于。
④急：紧急，急迫。

译文

这个世上很少有有志向却不能成功的人，也很少有没有志向却有大成就的人，所以要想致力于学习并学有所成，就应当以立下志向为当务之急。

小叮咛

小朋友，有志不在年少，无志空长百岁。想要有一番成就，就应当早早地立下志向，才会有更多的时间去努力。陈胜原本只是种田人，正因为心中有大志向，才会有这惊天动地的壮举，才能名垂青史。读着这个故事，你是否也在思考：我的志向是什么？

故事会

叶天士拜师

　　清朝的叶天士，出生于医学世家。他从小熟读医学典籍，12岁时就跟着父亲学医。14岁时，父亲去世，好在医理已经有了一定的基础，他继续跟着父亲的门人朱某学医。叶天士很有医学天分，也非常勤奋，学到的知识很快就能运用。久而久之，他的医学水平便在老师之上。

　　拜别师父之后，他四处拜访各有所长的大夫。六年间，叶天士就拜访了将近20位名医，学习这些名医的特长。相传，叶天士亲自拜访当时的医学大师薛雪，并向他虚心求教。薛雪为其诚心所动，后来两人还成了至交好友。

叶天士像

　　叶天士的医术越来越高超，但他并不骄傲自大，他明白"天外有天，人外有人"的道理，认为每个同行都有自己的所长。

有一次，叶天士得知一位刘姓大夫针灸医术非常高超，他便托人介绍，隐姓埋名到刘医师那里学习。一次偶然的机会，叶天士为了救治一位难产的孕妇展现了自己不凡的医术。刘医师很惊讶，经过询问才知道，自己收的这个小徒弟竟是大名鼎鼎的叶天士！刘医师被叶天士谦虚好学的行为感动了，将自己的针灸医术全部传给了他。

叶天士对医药始终保持着严谨的态度。临终前，他这样告诫自己的子孙："医生这个行当，不是随随便便可以干的，必须要有先天的悟性，后天的刻苦，才能悬壶济世。否则，就会妄下药，那就是借医杀人啊！我死了之后，你们可千万不要随随便便就行医啊！"

聆听家训

从来有心人可与成事，善读书者，每一字一句，必强记以广见闻，则学进矣。善作人者，遇嘉言懿①行，必留神以资②劝惩③，则品立矣。

——［清］郝④培元《梅叟⑤闲评》

①懿（yì）：美好的。
②资：提供，依托。
③惩：警惕，警戒。
④郝：音 hǎo。
⑤叟：音 sǒu。

向来一个人只要有志向，就一定能成功。善于读书的人，一字一句都会努力学习并记住，以此来增长自己的见识，那么学业就会有进步。善于做人的人，如果碰到有益的言论和高尚的行为，一定会注意学习这样的言行或用这种言行来自我警戒，那么良好的品行就建立起来了。

小叮咛

小朋友，学无止境。故事中的叶天士就是这样，不仅熟读医书，还拜多位名医为师，最后自己也成了名医。我们在学习中，不仅要努力学习书本上的知识，还要学习别人的长处，不断向别人请教。只有不断地学习，才能让自己越来越出色。

59. 如志，投之所向

不动笔墨不看书

毛泽东读《新唐书·姚崇传》的批语

毛主席是一个真正博览群书的人，几十年来，他养成了"不动笔墨不看书"的习惯。

毛主席每阅读一本书、一篇文章，都在重要的地方划上圈、杠、点等各种符号，在书眉和空白的地方写上许多批语。有时候，他还把文中精彩的地方摘录下来，或随时写下读书笔记和心得体会。毛主席所藏的书中，直线、曲线、双直线、三直线、双圈、三圈、三角、叉等符号比比皆是，满满的都是勾画、圈点、批语。比如他读过的《伦理学原理》一书，仅有 10 万多字，但他在书上空白处及字里行间写的眉批、提纲等，密密麻麻就多达 12000 字。一翻开毛主席读过的书，我们就能感受到他读书时的细致和独立钻研的精神，眼前仿佛出现了他认真读书的样子。

毛主席不仅喜欢读书，读书的种类还很广泛，哲学、政治、经济、历史、文学、军事……无所不读。在他阅读过的书籍中，历史方面的比较多。中外各种历史书籍，特别是中国历代史书，毛主席都非常爱读。从"二十四史"、《资治通鉴》、历朝纪事本末，到各种野史、历史演义等他都喜欢看。

毛主席一直以来都提倡"古为今用"，非常重视历史经验。在他的著作、讲话中，常常引用中外史书上的历史典故来生动地阐明深刻的道理。他也常常借助历史的经验和教训，来指导和对待今天的革命事业。他的《为人民服务》一文，就引用了司马迁的"人固有一死，或重于泰山，或轻于鸿毛"这一千古名句。

聆听家训

作文须先有把握，要理①就理，要气②就气，要清就清，要浓就浓。所谓投③之所向，无不如④志也。
——[清] 庄受祺《维摩室遗训》

①理：道理，法则。
②气：气节。
③投：投合，相合。
④如：依照，遵从。

译文

写文章必须要先有一定的把握，想要阐明道理就阐明道理，想要抒写气节就抒写气节，想要表现清明的风格就表现清明的风格，想要表达深厚的感情就抒发深厚的感情。这就是我们常说的，自己所说的、所做的要顺应内心真实的情感和想法。

小叮咛

小朋友，伟大领袖毛主席热爱读书，为我们留下了很多有名的文章。这样的毛爷爷，是不是很让人崇拜呢？那他到底是怎么做到的呢？答案就藏在故事中——"不动笔墨不读书"。他那么爱读书，为他后来成为卓越的领导者打好了基础。这不就是"如志，投之所向"吗？

60. 勤俭有恒肯立志

成由勤俭破由奢

　　明朝抗倭名将戚继光出身将门，其父戚景通为登州卫指挥佥（qiān）事。戚景通56岁时才有了戚继光这个儿子，老将军虽是老年得子，却对儿子管教极严。

　　父亲给他取名戚继光，就是要他继承戚家军名，光耀门第。小戚继光也很争气，从小就养成了早起读书、练功的好习惯，他知道只有勤奋努力，才能不辜负父亲对他的期望。

　　戚继光12岁时，有一天工匠们来家里修缮房屋，有个工匠对他说："凭将军的地位，家中的大厅应该修十二扇雕花窗，可是你父亲仅仅修了四扇窗，未免太节省了。"戚继光听后觉得很有道理，跑去对父亲说："人家说父亲的官职已经不小了，应该修一间有十二扇雕花窗的大厅。"父亲对他说："人如果贪图富贵，只会招致祸患。你小小年纪

戚继光像

· 154 ·

就贪图享受，即便我有万贯家财交给你，恐怕你也保不住。你想想，这话对不对？"戚继光一下子就明白了父亲的话，马上回答道："孩儿听从父亲教诲，实在不该听工匠的话。"

后来，有人给戚家送来一双非常昂贵的鞋，戚继光见了这双鞋，翻来覆去看不够。母亲说："既然那么喜欢，就拿去穿吧。"父亲皱起眉头，一脸严肃地说："不能穿！一双鞋虽小，但如果你爱慕虚荣、贪图享受之心不改，将来做了官必定贪污受贿。"父亲又问他："名将岳飞曾说过什么话？"戚继光答："文官不贪财，武官不怕死，国家就兴旺。"父亲语重心长地说："对，你要终生牢记这句话。认真读书，苦练武艺，才能为国立功，干一番大事业。"

几年后，戚继光成了一名文武双全的青年军官，朝廷任命他为浙江都司金事，负责抗倭。他组织的"戚家军"在六年中九战九捷，威震中外。

聆听家训

有福不可享尽，有势不可使尽。勤字工夫，第一贵早起，第二贵有恒①；俭字工夫，第一莫着华丽衣服，第二莫多用仆婢②雇工。

——[清] 曾国藩《曾文正公家训》

①恒：恒心。
②仆婢（bì）：仆人和婢女。

译文

有荣华富贵不可以尽情享受，有权势不可以滥用。想要真正做到勤奋，第一重要的是要很早起床，第二重要的是要有恒心；想要真正做到节俭，第一不要穿着华丽的衣服，第二不要用太多奴仆婢女和雇工。

小叮咛

小朋友，戚继光之所以能成为抗倭英雄，与他良好的家风分不开。他虽生在富贵人家，但并不贪图享受，反而勤奋努力，立志报效祖国。我们要以他为榜样，在学习上做到"勤"，在生活中力行"俭"。

附录：

家训档案

序号	朝代	作者介绍	作品介绍
1	南北朝	颜之推（531—约590以后），字介，琅邪临沂（今属山东）人，北齐文学家。	《颜氏家训》分序致、教子、兄弟、治家、风操等二十篇，以儒家经典为据，强调封建道德伦理规范。
2	唐代	杜正伦（？—约659），相州洹水（今河南安阳）人，隋代科举秀才，唐贞观初任兵部员外郎。	《百行章》按品行立章，每章阐述一项品行，涉及恭、勤、俭、贞、信、义、廉等品行，倡导儒家伦理价值观。
3	唐代	宋若昭（？—825），女，贝州清阳（今河北清河一带）人，曾掌宫中文奏，唐穆宗时拜为尚宫。	《女论语》是中国封建社会的女子教育课本。据《旧唐书》载，宋若莘仿《论语》作《女论语》十篇，采用问答形式。其妹若昭注释。
4	五代十国	钱镠（852—932），字具美，杭州临安（今属浙江）人，五代时吴越国的建立者。	《钱氏家训》从个人、家庭、社会和国家四个角度出发，为子孙订立了立身处世的准则。
5	宋代	李邦献（生卒年不详），字士举，怀州（今河南沁阳）人，北宋末年"浪子宰相"李邦彦的弟弟。	《省心杂言》又称《省心录》，以格言形式论述人生哲理，以如何修身治家、入世为官等为主要内容。
6	宋代	陆游（1125—1210），字务观，号放翁，越州山阴（今浙江绍兴）人，南宋诗人。	《放翁家训》阐述处世、择业、功名之道，传授交友、待人接物的正确方法。

序号	朝代	作者介绍	作品介绍
7	宋代	袁采（生卒年不详），字君载，信安（今浙江衢州）人，进士，任乐清县令。	《袁氏世范》分睦亲、处己、治家三卷，阐述了家庭伦理和社会关系中的为人处世之道及治家方略等。
8	宋代	杨简（1141—1225），字敬仲，号慈湖，慈溪（今浙江宁波市江北区慈城镇）人，乾道进士，南宋哲学家。	《纪先训》记录了其父杨庭显的修身、教子、齐家、治国之方，以此训诫子弟后人。
9	元代	孔齐（生卒年不详），字行素（素夫），号静斋，山东曲阜人。	《至正直记》是一部见闻杂记，内容包括当时政治、经济状况，器物制作情况，文学、艺术成就和人文社会习俗，是一部很有资料价值的笔记。
10	明代	朱棣（1360—1424），即明成祖，太祖第四子，年号永乐，1402—1424 年在位。	《圣学心法》涵盖"君、父、子、臣"四道，阐述成祖时期的治国理念，旨在为后世君主提供治国法则、历史经验与理论指导。
11	明代	曹端（1376—1434），字正夫，号月川，渑池（今属河南）人，明代学者。	《家规辑略》选取《郑氏家范》中的重要内容，分类列述，详细规定了家人在日常生活中应遵守的规范和礼仪。
12	明代	王澈（1473—1551），字子明，号东厓，永嘉（今浙江温州）人，正德八年（1513）举人。	《王氏族约》主要内容包括对子弟处世、为官的训诫，告诫子弟要勤俭持家，修身为善。

序号	朝代	作者介绍	作品介绍
13	明代	许相卿（1479—1557），字伯台，海宁（今属浙江）人，正德年间进士，后隐居三十余年，自号"云村老人"。	《许氏贻谋四则》从胎教开始，对于家中子弟人生所经历的各个阶段和需注意的各个事项，皆做了详细阐述。
14	明代	袁衷（生卒年不详），字秉忠，浙江嘉善人，后迁吴县(今江苏苏州)。举人，任梧州、平乐、永州知府。	《庭帏杂录》为袁衷兄弟五人记录其祖父及父母言行的书，作为后人立身行事的准则。
15	明代	方弘静（1517—1611），字定之，号采山，新安（今属安徽）人。进士，官至南京户部右侍郎。	《方定之家训》以教导子弟读书、做人、治家的道理为主要内容。
16	明代	王樵（1521—1599），字明远，号方麓，南直隶金坛（今属江苏常州）人。进士，累官至大理寺卿、刑部侍郎、南京都察院右都御史等职。	《王方麓家书》收录了给侄儿、儿子的家书共一百零九通，以自己的人生经历与经验，悉心教导子女为人处世、读书、做官、治家等。
17	明代	袁黄（1533—1606），字庆远，又字坤仪、仪甫，初号学海，后改了凡，祖籍嘉善（今属浙江），万历年间进士。	《训儿俗说》包括立志、敦伦、事师、处众等八章，系统阐述了做人、治家的基本规范。《了凡四训》是一部具有劝善书性质的家训，作者以亲身经历告诫世人应自强不息改变命运，以及祸福自取的道理。

序号	朝代	作者介绍	作品介绍
18	明代	吕坤（1536—1618），字叔简，一字新吾或心吾，宁陵（今属河南）人，万历进士，明代学者。	《续小儿语》分上、中、下三卷，以通俗的语言编为韵语，内容多为儿童日常生活中应遵守的行为规范。
19	明代	姚舜牧（1543—1622），字虞佐，号承庵，乌程（今浙江湖州）人，万历举人，任过县令。	《药言》以作者自己的人生体验和心得体会来训诫后代族人，内容包括治家、教子、处世、择业等方面。
20	明代	汤显祖（1550—1616），字义仍，号海若、若士、清远道人，临川（今江西抚州）人，所居名玉茗堂，明戏曲作家、文学家。	《智志咏示子》是一篇诗训，要求孩子们志存高远，珍惜时光，不能懈怠。
21	明代	徐三重（1543—1621），字伯同，号鸿州，松江华亭（今上海）人，万历进士（任刑部主事。	《徐氏家则》对家族各方事物作出详细安排和训诫，尤其注重子孙读书，是一部为家族制订的行为规范。
22	明代	高攀龙（1562—1626），字存之，世称"景逸先生"，江苏无锡人，万历进士，官至左都御史，谥号"忠宪"。	《高子家训》强调做人的重要性，教育子女要做一个"以孝悌为本，以忠义为主，以廉洁为先，以诚实为要"的人。
23	明代	徐祯稷（1575—1645），字叔开，号厚源，松江华亭（今上海）人，万历进士，为官清廉，时人号为"徐公风"。	《耻言》是规训子孙的言论集锦，涉及为学、修身、持家、为人处世各方面，告诫后人要言行一致。

序号	朝代	作者介绍	作品介绍
24	明代	孙奇逢（1584—1675），字启泰，号钟元，直隶容城（今河北容城）人，明末清初理学大家。	《孝友堂家训》是孙奇逢子孙辑录其训示子侄孙辈之语，编纂而成的一部家训。
25	明代	吴麟征（1593—1644），字圣生，号磊斋，海盐（今属浙江）人，天启年间进士，官至太常寺少卿。	《家诫要言》以写给子弟家书的形式，论述修身立志、交友求学等内容。
26	明代	宋诩（生卒年不详），字久夫，松江华亭（今上海）人，明代学者。	《宋氏家规部》主要从反面出发，告诫家庭成员在为人处世中需要避免的错误做法。
27	清代	刘德新（1647—？），字裕公，奉天开原（今属辽宁铁岭）人，曾任县令、知府。	《馀庆堂十二戒》以随笔杂文的形式，对当时的社会流弊进行分析，垂训子弟好学向上。
28	清代	傅山（1607—1684），初名鼎臣，字青主，号朱衣道人，山西阳曲人，明清之际思想家。	《霜红龛家训》为训诫子孙的言论，内容主要集中在读书治学方面，小到读书方法，大至为文、为人的道理，都有所涉及。
29	清代	张履祥（1611—1674），字考夫，号念芝，浙江桐乡人，因其居杨园村而得名"杨园先生"。	《近古录》以李乐的《见闻杂记》、陈良谟的《见闻记训》、耿定向的《先进遗风》和钱裒的《厚语》为底本，选编整理而成。
30	清代	于成龙（1617—1684），字北溟，号于山，山西永宁（今属吕梁）人，累官巡抚、总督，加兵部尚书、大学士等职。	《于清端公治家规范》以亲身阅历、生活际遇，明示后人治家之道。

序号	朝代	作者介绍	作品介绍
31	清代	金敞（1618—1693），字廓明，号暗斋，武进（今属江苏常州）人。	《宗约》乃是作者就家族事务安排及族人日常言行所作的一些规定、公约。
32	清代	王夫之（1619—1692），字而农，号姜斋，学者称船山先生，衡阳（今属湖南）人，明清之际思想家。	《姜斋文集》是王夫之诗、词、文的汇编，记录了王夫之的文学作品及其史学观和哲学思想，其中亦有对"立志"的相关论述。
33	清代	梁熙（1622—1692），字曰缉，号皙次，河南鄢陵人，进士，任知县、监察御史。	《皙次斋家训》汇集梁熙教导儿子的语录和信札，内容主要是治学门径、立身治家之法。
34	清代	石成金（1660—？），字天基，号惺斋，江苏扬州人，活跃于康雍乾三朝，著作颇丰。	《天基遗言》为救济贫困、失明人群设立基金，制订规定，号召后人多做善事。
35	清代	王心敬（1656—1738），字尔缉，号丰川，陕西鄠县文义里（今属陕西西安）人，以讲学和著述为业。	《丰川家训》阐述立身之道、治家之法、莅仕之见，以自身经验为家族子弟引路。
36	清代	爱新觉罗·玄烨（1654—1722），即清圣祖，世祖第三子，1662—1722年在位，年号康熙。	《庭训格言》是雍正皇帝追述其父康熙帝平素对皇子的教诫之语，为语录体，内容涉及为学、为君、处世、生活之道等。
37	清代	潘宗洛（1657—1717），字书原，号巢云，宜兴（今属江苏）人，康熙年间进士，历任翰林院检讨等职。	《诚一堂家训》是关于处理个人修身及家族事务的训诫之词，作者以自身经验循循善诱，教诲子孙。

序号	朝代	作者介绍	作品介绍
38	清代	郑燮（1693—1765），字克柔，号板桥，江苏兴化人，善写兰竹，做官前后均居扬州卖画，清书画家、文学家。	《郑板桥家书》是写给堂弟郑墨的十六通家书，作者根据自己的人生体会，围绕读书、做人等方面进行论述。
39	清代	陈宏谋（1696—1771），字汝咨，号榕门，临桂（今广西桂林）人，进士，历任检讨、知府、布政使、总督等职。	《养正遗规》为教化百姓、培养青少年良好道德而作。《训俗遗规》为教化百姓、养成良好民风民俗而作，将百姓通晓的古今至理名言编辑成卷。
40	清代	郝培元（约1730—1800），字万资，号梅庵、梅叟，栖霞（今属山东）人，乾隆间贡生。	《梅叟闲评》是以随笔形式记录的治家格言，包括教子、读书、睦族等方面的心得体会。
41	清代	汪辉祖（1731—1807），字焕曾，号龙庄、归庐，萧山（今属浙江）人，进士，任知县。	《双节堂庸训》为教导子孙所作，以经典为依据，分为述先、律己、治家、应世、蕃后、述师述友六卷。
42	清代	方东树（1772—1851），字植之，自号仪卫老人，安徽桐城人，曾师从姚鼐。	《大意尊闻》阐述了有关读书、教子、处世的道理，辞约而意丰，言近而旨远。
43	清代	胡达源（1777—1841），字清甫，号云阁，湖南益阳人，进士，授翰林院编修，累官至詹事府少詹事。	《弟子箴言》收录箴言七百余条，涉及奋志气、勤学问、正身心、慎言语、睦邻族、明礼教等内容，共十六卷。

序号	朝代	作者介绍	作品介绍
44	清代	潘德舆（1785—1839），字彦辅，号四农，山阳（今江苏淮阴）人。	《示儿长语》以教导子弟正确做人、读书和治家为主要内容，强调立志和孝悌忠信。
45	清代	庄受祺（1810—1866），字卫生，阳湖（今江苏常州）人，进士，任知府、按察使、布政使等职。	《维摩室遗训》是作者长子根据保存的家书分类摘编而成，阐述性理、政事、文学以及治家、处世、取友之道。
46	清代	曾国藩（1811—1872），字伯涵，号涤生，湖南湘乡白杨坪（今属双峰）人，清末洋务派和湘军首领。	《曾文正公家训》共收录家书一百二十篇，涉及经邦纬国、内政外交、治学修身，以及居家日常之事。
47	清代	左宗棠（1812—1885），字季高，湖南湘阴人，清末洋务派和湘军首领。	《左文襄公家书》是左宗棠写给家人的信件合集，其内容大部分是对家人的嘱托和叮咛。
48	清代	陈延益（1834—1905），字友三，号蓉淑，浙江归安（今湖州）人。任知县。	《裕昆要录》辑录了自汉代疏广至清代洪亮吉等人撰写的二十六篇具有家训性质的文章。
49	清代	林穗（1835—1892），字富年，号子颖，福建闽县（今福州）人。任知县等职。	《善馀堂家训》要求子孙勤奋读书、反对饮酒无度、严禁赌博、提倡勤俭节约等等。
50	清代	周馥（1837—1921），字玉山，安徽建德（今安徽东至）人，晚期李鸿章淮系集团的重要成员。	《负暄闲语》以问答体形式，回答其孙所提问题，系统阐述有关读书、处世、治家等方面的道理。

图书在版编目（CIP）数据

聆听家训·立志篇 / 吴荣山，祝贵耀总主编；江惠红，沈凌霞本册主编 . — 杭州：浙江古籍出版社，2020.7（2021.6 重印）

ISBN 978-7-5540-1727-2

Ⅰ . ①聆… Ⅱ . ①吴… ②祝… ③江… ④沈… Ⅲ . ①家庭道德—中国—少儿读物 Ⅳ . ① B823.1-49

中国版本图书馆 CIP 数据核字（2020）第 033625 号

聆听家训·立志篇

吴荣山　祝贵耀　总　主　编

江惠红　沈凌霞　本册主编

出版发行　浙江古籍出版社

（杭州体育场路 347 号　电话：0571-85068292）

网　　　址　https://zjgj.zjcbcm.com

责任编辑　潘铭明

文字编辑　张　莹

责任校对　吴颖胤

封面设计　王　芸

责任印务　楼浩凯

照　　排　杭州立飞图文制作有限公司

印　　刷　永清县晔盛亚胶印有限公司

开　　本　710mm×1000mm　1/16

印　　张　10.75

字　　数　120 千字

版　　次　2020 年 7 月第 1 版

印　　次　2021 年 6 月第 3 次印刷

书　　号　ISBN 978-7-5540-1727-2

定　　价　26.00 元

如发现印装质量问题，影响阅读，请与本社市场营销部联系调换。